Wissenschaftliche Normung

Schriftenreihe, herausgegeben in Verbindung mit dem Seminar für Technische Normung an der Technischen Hochschule Hannover von Professor Dr.-Ing. Otto Kienzle

3

Die Gesetzmäßigkeiten kombinatorischer Technik

Von

Dr.-Ing. A. Nasvytis

Mit 29 Abbildungen

Springer-Verlag Berlin Heidelberg GmbH
1953

ISBN 978-3-540-01766-0   ISBN 978-3-642-99847-8 (eBook)
DOI: 10.1007/978-3-642-99847-8

Geleitwort.

Eine wissenschaftliche Durchdringung des Wesens der Normen muß auf ihre Elemente führen. Während der Ingenieur der Praxis nur allzuoft geneigt ist, lediglich die Elemente in Betracht zu ziehen, die einer jeweiligen eng umgrenzten Aufgabe zugrunde liegen, erscheint es notwendig, das Fundament tiefer zu legen. Dies gilt um so mehr, als kaum eine Lebensäußerung, sofern sie nur ein wenig über den Kreis der eigenen Person hinausgeht, ohne den Gebrauch von Normen irgendwelcher Art abläuft.

Bei näherem Zusehen werden wir gewahr, daß es kaum möglich ist, das Gebiet der technischen Normen von dem der allgemeinen Lebensnormen in Sitte und Recht, in Sprache und Kunst abzugrenzen. Wir werden darin bestärkt, wenn wir auf die Elemente der Normen zurückgehen und nun finden, daß viele Normen nichts anderes als eine bestimmte Kombination von Elementen darstellen.

So wurde im „Seminar für Technische Normung" eine Aufgabe immer deutlicher, nämlich die „Gesetzmäßigkeiten kombinatorischer Normen" herauszufinden und darzustellen.

Der Verfasser hat selbst diese Aufgabe herausgearbeitet und ihre Lösung auf die einzig mögliche Grundlage gesetzt, nämlich die mathematische Kombinationslehre. KANT hat es einmal ausgesprochen, daß eine Wissenschaft insoweit Gültigkeit besitze, als sie sich auf die Mathematik stütze.

Es geht hier aber um noch mehr. Die zunehmende Spezialisierung der Technik und ihrer Wissenschaften droht immer mehr, uns von den gemeinsamen Grundlagen zu entfernen. Dem kann die Normung entgegenwirken, indem sie gemeinsam angesichts ihrer eigenen Breite Grundlagen herausarbeitet, die dann nicht nur ihrer eigenen Zielsetzung, sondern *der gesamten Technik* dienen.

Eine von vielen solchen Grundlagen ist die *Kombinationstechnik*; an ihr wird anschaulich, daß die gleichen Gesetzmäßigkeiten in Zahlen und Schriften, in Rechengeräten und Fernschreibsystemen, in Maschinen und Bauten obwalten.

So wird gehofft, daß dieser dritte Band unserer Schriftenreihe eine echte Hilfe sowohl für eine tiefgreifende Normungsarbeit in der zukünftigen Praxis als auch für schöpferische Arbeiten in Kombinationsgeräten aller Art liefere, wie umgekehrt diese Arbeit das mathematische System durch eine neuartige und reichhaltige Nutzanwendung belebt.

Hannover, im Juni 1953. **Otto Kienzle.**

Vorwort.

Die Betriebswissenschaft, die ich früher an der Universität in Kaunas (Litauen) lehrte, sollte als wesentliches Merkmal des organischen Zusammenwirkens einer Mehrzahl von Personen auch die Normung enthalten. Dies fand ich mit besonderer Betonung am Lehrstuhl für Betriebswissenschaft und Werkzeugmaschinen an der Technischen Hochschule Berlin, dem sein Leiter, Professor Dr.-Ing. KIENZLE, ein „Seminar für Technische Normung" angegliedert hatte. Die dort geübte Methode der Analyse und der Zurückführung exakter Aussagen auf mathematische Begriffe veranlaßte mich, einigen wissenschaftlichen Gesetzmäßigkeiten dieses modernen Phänomens „Normung" nachzuspüren.

Manche Abschnitte dieser Arbeit sind als Arbeitsaufgaben innerhalb des Seminars in Berlin und nach seiner kriegsbedingten Verlagerung in Göttingen 1944—45 entstanden. Erst später reifte in mir der Gedanke, das kombinatorische Gebiet der Normung als ein geschlossenes Ganzes zu untersuchen.

Über das inzwischen an die Technische Hochschule Hannover verlegte „Seminar für Technische Normung" floß mir so reichlicher Stoff aus der Praxis zu, daß er beinahe die Grenzen dieser Arbeit zu sprengen drohte. Das ist darin begründet, daß nach KIENZLE der Begriff „Norm" aus dem engeren Gebiet der Technik zu lösen ist, weil er jede Festlegung umfaßt, die von einem bestimmten Personenkreis eine gewisse Zeit lang als gültig anerkannt wird. Somit unterliegt die Tätigkeit, die je nach den ausübenden Stellen „Normung, Organisation, Gesetzgebung" oder anders heißen kann, gewissen gemeinsamen Gesetzmäßigkeiten und Ordnungsgesichtspunkten, die zu kennen notwendig ist, wenn man in Zukunft Normen rationeller und möglichst unanfechtbarer Art schaffen will.

Eine solche Gesetzmäßigkeit besteht darin, daß sich viele Normen als Kombinationen bestimmter Elemente darstellen lassen. Der Begriff „Element" ist ein Urbegriff der Normung: je weniger Elemente in einer gewissen Menge von Normen enthalten sind, desto häufiger tritt das einzelne Element auf. Das führt zu einer meist rationellen Häufung des einzelnen Elements, andererseits paßt ein Mangel an Elementen, etwa eine zu grobe Stufung, die möglichen Kombinationen – Normen – den einzelnen Bedürfnissen wenig an. Es gibt daher hier gewisse Optima.

In der Behandlung des Stoffes werden dem Leser zunächst die mathematischen Grundlagen der Kombinatorik ins Gedächtnis zurückgerufen, zumal sie an keiner einzelnen Stelle des mathematischen Schrifttums in der wünschenswerten Vollständigkeit vorgefunden wurden; dabei erwies sich – aus der Technik abgeleitet – eine Erweiterung um den Begriff der „kinetischen“ und der „räumlichen“ Kombinationen als notwendig.

Dann folgt eine Anwendung der kombinatorischen Gesetzmäßigkeiten auf die Normen, und zwar zunächst auf die allgemeinste, die Zahlen.

Von hier aus führt der – immer auf die normenschaffende Praxis gerichtete – Gedanke zum additiven und multiplikativen Zusammenfügen abstrakter und technischer Elemente in verschiedenen Kombinationen.

Betrachten wir von hier aus „normentechnisch“ Sprache und Schrift, so sehen wir den abstrakten Elementen der Buchstaben ihre technischen Wiedergabesysteme in Schreibmaschine, Telegraphie, Lochkarte u. a. gegenübergestellt. Insbesondere führt die kombinatorische Betrachtung zu neuen Lösungen in der Ausnutzung von Lochkarten. In der Technik weitergehend, kommen wir zu den verschiedenen Stufen des Baukastensystems, das heute eine so große Rolle spielt. Schließlich werden die Grundzüge der sog. Kombinationsmaschinen dargelegt, die heute in der Entwicklung der Automatik eine wachsende Rolle spielen.

Der Verfasser hofft damit einerseits dem praktischen Mathematiker einige Anregungen zu geben, andererseits und ganz besonders dem schöpferischen Ingenieur eine Grundlage für die wirtschaftliche Ausnutzung der in einer Elementarisierung der Technik liegenden Kombinationsmöglichkeiten zu geben, gleichgültig, ob das Ziel eine Norm oder eine andere technische Aufgabe ist.

Meinen besonderen Dank spreche ich Herrn Professor Dr.-Ing. KIENZLE aus, der mir nicht nur den gedanklichen Ausgangspunkt zu dieser Arbeit gegeben hat, sondern mich auch in vielen Besprechungen zu immer neuer Vertiefung angeregt hat.

Zum mathematischen Teil danke ich Herrn Professor LUDWIG† für seine kritischen Bemerkungen und Vorschläge zur Benennung der zeitkombinatorischen Begriffe und besonders Herrn Dr. EPHESER, welcher bei der Durcharbeitung des mathematischen Teils durch Verbesserungs- und Systematisierungsvorschläge sehr viel geholfen hat.

Um den Umfang dieser Schrift zu beschränken, habe ich auf eine Reihe von Einzelausarbeitungen zu den Hauptabschnitten verzichtet; diese können jedoch vom Seminar für Technische Normung, Technische Hochschule Hannover, bezogen werden.

Cleveland, Ohio, im Juni 1953. **A. Nasvytis.**

Inhaltsverzeichnis.

Seite

1 Allgemeine Grundlagen 1

11 Kombinationen und technisches Schaffen. 1

12 Kombinationen und Normung 2

13 Kombinationen als Methode und als Objekt 3

14 Die Methode der folgenden Untersuchungen 4

2 Mathematische Kombinationen 4

21 Systematisierung der wichtigsten Kombinationsarten 4

211 Sonderfall der Kombinationen 5

212 Kombinationen im engeren Sinne 7

213 Kombinationen mit Wiederholung. 8

22 Kinetische Kombinationen 8

221 Kinetische Kombinationen einer vorgeschriebenen Komplexion . . 9

222 Kinetische Kombinationen in engerem Sinne 10

223 Kinetische Permutationen 10

224 Kinetische Variationen 12

23 Kinetische Kombinationen mit variierender Zeitspanne 12

231 Kinetische Kombinationen mit variierender Zeitspanne einer Komplexion 13

232 Kombinationen in engerem Sinne aus n-Elementen zur k-Klasse . 13

233 Permutationen mit variierender Zeitspanne 13

234 Variationen mit variierender Zeitspanne 13

24 Kinetische Kombinationen der höheren Ordnung 14

25 Kombinationen im Raume 15

251 Freie Stellenbesetzung bei stellengebundener Lageanzahl 17

252 Freie Stellenbesetzung bei elementengebundener Lageanzahl . . . 18

253 Elemente mit nur für sie bestimmten Stellen 19

254 Schlußbemerkung 19

3 Das Zahlensystem als Normungsaufgabe, eine Nutzanwendung der kombinatorischen Betrachtung 20

31 Kombinatorischer Aufbau eines Zahlensystems 20

311 Allgemeine Untersuchung über die notwendige Anzahl der Elemente und der Stellen 20

312 Ordnung und Verschlüsselung 21

313 Umrechnung in andere Zahlensysteme 24

32 Wahl der Grundzahl. 24

321 Sparsamkeit in Ausdrucksmitteln 25

322 Wortbedarf bei kleineren Zahlen 26

323 Umfang der Rechentafel 27

324 Dividierbarkeit der Grundzahlen der Systeme 27

Inhaltsverzeichnis. VII

Seite

325 Merkmale der Teilbarkeit 28

326 Grundzahl und Summe von Kombinationen 28

327 Anschaulichkeit der Grundzahl 29

328 Allgemeine Schlüsse 30

33 Systematisierung des Zahlensystems 30

34 Die Normungsaufgabe „Nummern" 33

4 Additive Größen in der Normung 36

41 Anschluß der additiven Größen an Zahlensysteme 37

42 Dyadische (Verdopplungs-) Reihe 39

421 Informationseinheit (information unit) 41

43 Verwertbarer Überschuß 42

431 Einzelgrößen zur Bildung von Summengrößen 1—9 43

432 Einzelgrößen zur Bildung von Summengrößen 1—99 44

433 Einzelgrößen zur Bildung von Summengrößen 1—999 44

44 Summen aus begrenzten Summandenzahlen 44

45 Gleichzeitige mehrfache Bildbarkeit 47

451 Zweifache gleichzeitige Bildbarkeit 47

452 Dreifache gleichzeitige Bildbarkeit 48

46 Additive Größen bei geometrischen Reihen einschließlich Normungs-Zahlenreihen 50

47 Praktische Anwendung der additiven Größen 51

48 Additiv-subtraktive Größen 53

481 Verwertbarer Überschuß 56

482 Begrenzte Summandenzahl 57

483 Zahlensysteme mit negativen und positiven Ziffern 58

49 Multiplikative Größen 60

491 Die ganzzahligen Elemente und die Bildung einer natürlichen Zahlenreihe 60

492 Divisionskombinationen 61

493 Drehzahlreihen 62

5 Kombinationen in den Verkehrsnormen „Sprache" und „Schrift" 63

51 Allgemeines über Sprachen und Schriften 63

52 Einfachste Telegraphiesysteme 66

521 Elemente mit der gleichen Zeitlänge 66

522 Elemente mit gleicher Zeitlänge ohne Zwischenzeit 67

523 Das Morsesystem 67

53 Fernschreibsysteme 69

531 Systeme mit zeitlich aufeinanderfolgenden Elementen 70

532 Systeme mit gleichzeitig auftretenden Elementen 72

54 Blindenschrift 73

55 Lochschrift 75

551 Die Lochkarte 75

551.1 Die Ordnung der Lochstellen in einer Lochkarte S. 77. — 551.2 Lochkarten für Steuerung einer Maschine S. 79. — 551.3 Die Verschlüsselung der Begriffe S. 80.

Seite

552 Perforierte Bänder 83
  552.1 Übertragung der Intensität S. 84. — 552.2 Verschiedene
  Arten perforierter Bänder für verschiedene Kombinationsaufgaben
  S. 85.

6 Baukastensystem 86
  61 Begriff 86
  62 Die wirtschaftlichen Vorteile des Baukastensystems 86
  63 Die Begrenzung des Baukastensystems. 87
    631 Zeitweilig oder dauernd benutzte Gegenstände 88
    632 Auseinandernehmbare oder festgefügte Kombinationen 89
    633 Baukasten als Teil eines Gegenstandes und Baukastensystem mit
        zusammengesetzten Gegenständen als Elementen 90
    634 Verschiedene Arten von Baukastenelementen. 90
    635 Umfang eines Baukastensystems 91
  64 Die verschiedenen Arten des Baukastensystems. 92
    641 Das einfache Baukastensystem 92
    642 Das Baukastensystem der räumlichen Umstellung 93
    643 Das allgemeine Baukastensystem 94
    644 Das variierende Baukastensystem. 95
    645 Das kombinierte Baukastensystem 96

7 Kombinationsmaschinen 96
  71 Maschinen für Variationen mit Wiederholung. 97
  72 Maschinen für Kombinationen im engeren Sinne 98
  73 Kombinationsmaschinen und Cybernetic 99
  74 Die Sprache als „Kombinationsmaschine" 99
  75 „Kombinationsmaschine" zur Erfassung von Klängen 100
  76 Ausblick auf weitere Kombinationsmaschinen 102

Schrifttum 102

Sachverzeichnis 103

1 Allgemeine Grundlagen.

11 Kombinationen und technisches Schaffen.

Im gesamten Naturgeschehen haben wir Kombinationen von weniger als 100 Stoffelementen und einigen Energiearten vor uns. Die Elemente und Energiearten selbst sind Ergebnisse der Kombinationen von rd. 10 Ur-Teilchen, wenn man annehmen darf, daß diese schon in vollem Umfange bekannt sind. Der Kosmos hat seine jetzige Gestalt angenommen, weil aus allen mathematisch möglichen Kombinationen der Ur-Teilchen nur bestimmte zustande gekommen sind.

Auch das technische Schaffen ist nur eine bestimmte Auswahl aus der Fülle aller möglichen Kombinationen, die aus den naturvorhandenen Stoffen mit ihren physikalischen und chemischen Eigenschaften und der Vielzahl der von ihnen bildbaren geometrischen Formen entstehen können. Leider ist die Zahl solcher Möglichkeiten so groß, daß diese abstrakte Feststellung keinen praktischen Nutzen gibt.

Daß sich indes das technische Schaffen auch nach kombinatorischen Methoden entwickelt, ist nicht schwer festzustellen. Zum Beispiel werden die Erfahrungen an der Wasserturbine bei der Dampfturbine mit anderen Erscheinungen kombiniert. Wenn ein neuartiger Kraftmotor erfunden würde, dann würde selbstverständlich nachgeprüft, welche Möglichkeiten bestehen, die neue Erfindung mit den alten Anlagen zu kombinieren.

Andererseits zeigt uns die technische Entwicklung, daß die Anwendung der Kombinationsmethoden im technischen Schaffen sehr unsystematischer Natur ist. Es ist erstaunlich, wie lange es gedauert hat, bis manche technisch fruchtbaren Gedanken gekommen sind, die doch nichts anderes als eine bloße Vereinigung zweier bekannter Tatsachen waren. Die Anwendung der Ordnungsmethoden und systematisch-kombinatorische Überlegung hätten viel früher zum gleichen Ergebnis geführt.

In manchen Fällen kann man alle möglichen Kombinationen versuchen und dann feststellen, welche von diesen praktisch durchführbar und nützlich sind. Bei den Werkzeugmaschinen z. B. können folgende Fälle vorkommen: das Werkzeug a bewegt sich oder ruht, und das Werkstück b bewegt sich oder ruht. Dabei sind folgende Kombinationen bildbar:

1. a bewegt sich, b ruht,
2. a ruht, b bewegt sich,
3. a bewegt sich, b bewegt sich,
4. a ruht, b ruht.

Die ersten drei Kombinationen werden durchgeführt; die 4. Kombination scheint sinnlos, ist es aber nicht, wenn man in erweiterndem Sinne etwa einen Strahlkörper, der ein Werkstück trocknet, als Werkzeug ansieht.

Man kann weiter alle Kombinationen in bezug auf lineare Bewegung und Drehbewegung zusammenstellen und auf Brauchbarkeit überprüfen. Bei solchem systematischen Vorgehen ist es besonders wichtig, mathematisch exakt zeigen zu können, daß *alle Möglichkeiten erschöpft* sind und weitere Kombinationen nur durch Heranschaffung neuer Elemente entstehen können. Zwar ist nur selten eine Übersicht über *alle* möglichen Kombinationen zu schaffen, und auch eine eindeutige Ordnung der zu kombinierenden Elemente wird nicht immer gelingen.

Stets aber schafft die kombinatorische Methode Ordnung und gibt selbst dann einen besseren Überblick, wenn sie nur teilweise angewandt wird. Die Zahl der Fälle, in denen diese Methode zum Ziele führt, ist viel größer, als bisher angenommen wird.

12 Kombinationen und Normung.

Wie schon gesagt, ist es um so schwieriger, alle möglichen Kombinationen zu übersehen, je komplizierter die Vorgänge sind und je mehr Elemente eine höhere Einheit (Maschine, Gerät, Bauwerk) hat; umgekehrt läßt sich die Kombinationsmethode ohne Schwierigkeiten anwenden, wenn die Anzahl der Elemente klein ist und die Elemente einfach sind.

Die Grundelemente des Maschinenbaus, des Bauwesens und anderer Gebiete der Technik sind das ursprüngliche Gebiet der technischen Normung. Zur systematischen Normung eines Gegenstandes gehört die Normung seiner Elemente. Die Vorteile der Normung, nämlich Austauschbarkeit und Massenfertigung, treten besonders in den Elementen hervor.

Ein aus mehreren Elementen zusammengesetztes technisches Bauteil läßt sich durch vollkommene Anwendung der mathematischen Methode auf seine Maß-, Form- und Stoffelemente schaffen, und dabei kann man sehr oft genau feststellen, daß diese oder jene Lösung die günstigste unter allen kombinatorisch möglichen ist.

Das ist für die Normung besonders wichtig, weil die Vollkommenheit und damit die Beständigkeit des Genormten wesentliche Merkmale der Normung sind. Solange die technische Gestaltung noch schwankt und noch verschiedene Lösungen als gleichberechtigt möglich sind, ist das Erzeugnis streng genommen noch nicht für die Normung reif.

Die Behauptung, die beste Lösung aus allen möglichen gefunden zu haben, verlangt entweder eine Ausrechnung nach der Maximum-Minimum-Methode oder eine Aufstellung aller möglichen Kombinationen und deren kritische Überprüfung. Das bedeutet, daß das typische Arbeitsfeld der Normung gleichzeitig reiche Möglichkeiten für die Anwendung der mathematischen Kombinationen bietet und daß es zweckmäßig ist, bei den Normungsarbeiten die Kombinationsmethode anzuwenden. Daher ist es selbstverständlich, daß die Analyse der Kombinationen in der Technik und der Beziehung Kombinationen und Normung lohnend ist und zur Vervollkommnung der Normungsmethoden und der Normen selbst dienlich sein kann.

13 Kombinationen als Methode und als Objekt.

Bis jetzt sahen wir die kombinatorische Betrachtung als eine Methode zur Erfassung aller oder zur Erschließung neuer Möglichkeiten.

Aber die Kombinationen bedeuten mehr als nur eine Methode. Ihre Haupteigenschaft ist die Möglichkeit, mit einer bestimmten Anzahl von Elementen eine viel größere Zahl von Gruppen aus diesen Elementen (Kombinationen) bilden zu können. Hier ist wichtig, daß Kombinationen aus gewissen Elementen andere Eigenschaften haben können, als die der Einzelelemente oder die zu erwartende Summe der Eigenschaften der Elemente. Dazu muß gesagt werden, daß die Kombinationen nicht immer ein Wunder der Ersparnis zeigen. Um z. B. sämtliche Zahlen von 1—1000 im Zehnersystem niederzuschreiben, brauchen wir

$$1 \times 9 + 2 \times 90 + 3 \times 900 + 4 \times 1 = 2893$$

einzelne Ziffern.

Hätte jede Zahl ihr eigenes Zeichen, dann hätten wir nur 1000 Ziffernzeichen nötig.

Der Vorteil der Kombinationen entsteht hier durch Ersparnis an Zeichenarten (Elementen; hier nur 10) und durch Systematisierung.

Diese Eigenschaft der Kombinationen hat eine zweifach praktische Anwendung: 1. als ein vorzügliches Mittel, große Mengen verschiedener Dinge systematisch zu beherrschen; 2. als ein Mittel, mit geringem Aufwand von Elementenarten eine große Gesamtwirkung zu erzielen.

Im Grunde genommen bedeutet beides dasselbe, nur gehen die Betrachtungen von verschiedenen Punkten aus.

Zur ersten Anwendungsart gehören Zahlen-, Nummern- und Buchstabensysteme und die Welt der Begriffe. Alle Zahlensysteme, alle Sprachen, Schriften usw. bedienen sich tatsächlich der Kombinationseigenschaften. Das Zahlensystem ist die wichtigste Grundnorm. Zur Vermittlung der Schriften sind verschiedene technische Mittel entwickelt worden, die zu gewissen Verkehrsnormen (Telegraphier-, Fernschreibsysteme usw.) geführt haben.

Typische Vertreter der zweiten Anwendungsart sind Gegenstände aus aufgereihten Elementen im additiven Sinne sowie Baukastensysteme. Die Elemente der in der Technik angewandten additiven Größen sind seit langem Gegenstand der Normung, und das Baukastensystem kann man als der Normung zugehöriges Gebiet betrachten.

Darum ist die Untersuchung der hier erwähnten Anwendungsgebiete der Kombinationen gleichfalls eine Aufgabe für die Normung und leistet außerdem einen Beitrag zur methodischen Anwendung der Kombinationen.

14 Die Methode der folgenden Untersuchungen.

Zuerst wird in jedem untersuchten Gebiet die Natur der angewandten Kombinationsarten analysiert, danach die mathematisch vollkommene Möglichkeit gefunden oder die Methode zur Auffindung der Bestlösung festgestellt. Die vorhandenen Normen werden mit den Bestlösungen verglichen und kritisiert; denn die mathematische Bestlösung ist nicht immer eine technisch-wirtschaftliche Bestlösung. Die Methode wird an einigen wichtigen und aufschlußreichen Beispielen durchgeführt werden.

Von den dabei untersuchten Kombinationsnormen sind einige sachliche Normen, andere reine Ordnungs- und Verkehrsnormen, und manche vereinigen die Eigenschaften der verschiedenen Normenarten (z. B. die Lochkarte).

Das verursacht eine große Mannigfaltigkeit der Betrachtungspunkte, wie z. B. Anzahl, Einfachheit, System, Klarheit, Anschaulichkeit, Stoffaufwand, Festigkeit, Herstellungskosten, leichte Wahrnehmung und Erlernung, Ersparnis von Zeit und Energie bei der Handhabung usw.

Einige gleichwertige, aber verschiedene Gesichtspunkte bei der Beurteilung der Wirtschaftlichkeit führen zu verschiedenen Abwandlungen der Bestlösung (z. B. die verschiedenen Vorschläge bei den Endmaßsätzen).

2 Mathematische Kombinationen.

Das Kombinieren setzt eine Mehrzahl verschiedener oder gleicher Elemente voraus, die verschiedene gegenseitige Lagen annehmen können oder in verschiedener Zeitfolge erscheinen. Um eine Ordnung der Kombinationen zu schaffen, nehmen wir an, daß für das Erscheinen der verschiedenen Elemente eine Anzahl von Stellen zur Verfügung steht, die eine räumliche oder zeitliche Folge bilden.

21 Systematisierung der wichtigsten Kombinationsarten.

Wir haben eine Folge von k Stellen:

$$1 \quad 2 \quad 3 \quad \ldots \ldots \quad k.$$

Als allgemeinsten Fall können wir den betrachten, in dem für jede Stelle
ein besonderer, ihr eigener Elementenvorrat, existiert. (In Lehrbüchern
der Kombinatorik pflegt dieser Fall nicht behandelt zu werden.)

Stellen:	1	2	3	$\ldots$	k
Elemente:	a_{11}	a_{21}	a_{31}		a_{k_1}
	a_{12}	a_{22}	a_{32}		a_{k_2}
	$\vdots$	$\vdots$	$\vdots$		$\vdots$
	a_{1n_1}	a_{2n_2}	a_{3n_3}		a_{kn_k}

Die Beziehung der Elemente, die in einer Stelle erscheinen können,
zu den Elementen der anderen Stellen wird hier nicht behandelt. Wenn
in der ersten Stelle die Anzahl der möglichen Elemente n_1 ist, in zweiter
n_2 usw. und in k-ter Stelle n_k ist, dann ist nicht schwer festzustellen, daß
die Gesamtzahl der überhaupt möglichen Komplexionen

$$N = n_1 \cdot n_2 \cdot n_3 \cdots n_k$$

ist. (Jeder Fall der möglichen Kombinationen wird *Komplexion* genannt.)

Das ist der allgemeinste Fall der mathematischen Kombinationen
unter der alleinigen Bedingung, daß in einer Stelle nur ein Element
stehen kann. Die Erweiterung zu „Stellen-Gefäßen", in denen eine
bestimmte Anzahl von Elementen auf einmal vorkommen kann, z. B.
von $0 - z_x$ (Verteilungsfunktion u. a.), wird an dieser Stelle nicht behandelt. (Vergleiche jedoch Abschnitt 22.)

Wenn in allen Stellen dieselbe Anzahl n Elemente vorkommen kann,
dann ist die Gesamtzahl $N = n^k$.

Wenn in allen Stellen dieselben Elemente vorkommen, dann bleibt
die Formel für die Anzahl der Komplexionen die gleiche, nämlich $N = n^k$,
wir haben dann den Fall vor uns, der mit den sogenannten Variationen
mit unbeschränkter Wiederholung identisch ist.

Stellen:	1	2	3	$\ldots$	k
Elemente:	a_1	a_1	a_1		a_1
	$\vdots$	$\vdots$	$\vdots$		$\vdots$
	a_n	a_n	a_n		a_n

211 Sonderfall der Kombinationen.

Ein Sonderfall der Kombinationen entsteht dann, wenn für alle
Stellen ein gemeinsamer Vorrat von Elementen verfügbar ist. Hierbei
kann es sein, daß 1. alle Elemente verschieden sind;

$$\begin{array}{cccccc} a & b & c & \ldots\ldots & n \\ \hline 1 & 2 & 3 & \ldots\ldots & k \end{array}$$

2. manche oder alle Elemente mehrmals vorkommen.

Wir haben es dann mit Kombinationen mit beschränkter Wiederholung zu tun. Kommt jede Elementenart in dem Gesamtvorrat min-

destens k-mal vor (k = Anzahl der Stellen), so liegt der Fall der unbeschränkten Wiederholung vor.

$$\underbrace{\overbrace{r_1 \cdot a}^{1} \quad \overbrace{r_2 \cdot b}^{2} \quad \overbrace{r_3 \cdot c}^{3} \quad \overbrace{\ldots\ldots}^{\ldots\ldots\, k}}$$

Diese Sonderfälle der Kombinationen sind das ursprüngliche Gebiet der mathematischen Kombinationslehre. Im allgemeinen ist die Zahl der verschiedenen Kombinationsarten unbegrenzt. Die Mathematik beschäftigt sich mit den elementarsten Arten oder mit den Arten, die praktische Bedeutung haben oder theoretisch-mathematisch interessant sind.

Zuerst untersuchen wir den Fall, bei dem aus einem Vorrat von n Elementen alle voneinander verschieden sind. Dabei soll grundsätzlich jedes der Elemente an jede der k Stellen gesetzt werden können.

Dann haben wir drei Fälle zu unterscheiden, je nachdem ob

$$n > k; \qquad n = k \qquad \text{oder} \qquad n < k.$$

Der Fall $n > k$: Variationen ohne Wiederholung. Das ist der allgemeinste Fall des Sonderfalles. In k Stellen können alle n Elemente vorkommen. Keine andere Einschränkung werde vorgesehen.

Wenn bei n Elementen je zwei eine Variation bilden, dann können in erster Stelle n Elemente vorkommen und in zweiter Stelle nur $n-1$, weil eines immer in der ersten Stelle steht. Die Gesamtzahl der möglichen Variationen ist dann $V_n^2 = n(n-1)$.

Bei drei Stellen ist die in der dritten Stelle verfügbare Anzahl der Elemente $n-2$, weil zwei Elemente in den beiden ersten Stellen stehen und damit die Gesamtanzahl der möglichen Variationen

$$V_n^3 = n\,(n-1)\,(n-2) \qquad \text{und analog}$$

$$V_n^k = n\,(n-1)\,(n-2) \cdots [n-(k-1)].$$

Wenn im Falle V_n^2 aus den verfügbaren Elementen $a_1, a_2, a_3 \ldots a_n$ a_1 in der ersten Stelle steht, dann kommt a_2 in der zweiten Stelle vor oder umgekehrt. Daraus ist allgemein zu folgern, daß die Gesamtzahl der Variationen nicht nur aus den verschiedenen Beteiligungen der Elemente besteht, sondern auch aus ihrer verschiedenen Anordnung.

Der Fall $n = k$. Permutationen. Wenn die Anzahl der Stellen gleich der Anzahl der Elemente ist, d. h. $k = n$, dann ist

$$V_n^{k=n} = n\,(n-1)\,(n-2)\,(n-3) \cdots [n-(n-1)]$$

$$= n\,(n-1)\,(n-2)\,(n-3) \cdots 3 \cdot 2 \cdot 1 = n!,$$

in diesem Falle sprechen wir von Permutationen.

Hier erscheinen in jeder Komplexion sämtliche möglichen Elemente, und die Komplexionen unterscheiden sich nur durch ihre Anordnung.

(In mathematischen Handbüchern werden zumeist die Permutationen zuerst behandelt. Man hofft auf diese Weise den Schüler zunächst mit der Umstellung der Elemente vertraut zu machen, um später die Unterscheidung der Variationen von den Kombinationen zu erleichtern.)

Der Fall $n < k$. In diesem Falle bleiben $(k-n)$ Stellen unbesetzt. Diese unbesetzten Stellen vergrößern die Anzahl der verschiedenen Komplexionen durch ihre verschiedenartige Verstreuung zwischen den mit Elementen besetzten Stellen. Um die unbesetzten Stellen zu berücksichtigen, denken wir uns ein Hilfselement a_{n+1}, das wir unserem Elementenvorrat $(k-n)$-mal hinzufügen. Mit diesen Hilfselementen denken wir uns die leeren Stellen besetzt (Sonderfall der Permutationen mit Wiederholung). Wir hätten somit k Elemente.

Würde man von diesen alle $P_k = k!$ Komplexionen herstellen, so fände man, daß je $(k-n)!$ unter ihnen einander gleich sind (die Anzahl der Vertauschung der Hilfselemente bei unveränderter Konfiguration der ursprünglichen Elemente).

Die Anzahl der voneinander verschiedenen Komplexionen ist also

$$\frac{k!}{(k-n)!} = k\,(k-1) \cdot (k-2) \cdots (k-n+1).$$

212 Kombinationen im engeren Sinne.

Wenn im normalen Variationsfalle $n > k$ aus allen Komplexionen V_n^k nur die ausgewählt werden, die sich mindestens durch ein Element unterscheiden, und alle Komplexionen, die dieselben Elemente besitzen und sich nur durch Anordnung dieser unterschieden, außer acht gelassen werden, sprechen wir von „Kombinationen im engeren Sinne".

Es ist bedauerlich, daß das ganze Gebiet und dieser eine Sonderfall die gleiche Benennung „Kombination" tragen. Die Kombinationen im engeren Sinne sollten umbenannt werden. Manche Theoretiker der Kombinationslehre sind gegen eine systematische Zusammenfassung von Kombinationen und Variationen, aber unter allen durch Variieren entstehenden Komplexionen V_n^k sind alle Kombinationen im engeren Sinne C_n^k vorhanden, und darum sind die Kombinationen nur eine Auslese aus den Variationen.

Die Anzahlformel für die Kombinationen im engeren Sinne ist

$$C_n^k = \frac{n\,(n-1)(n-2)\cdots[n-(k-1)]}{k!} = \frac{V_n^k}{k!} = \binom{n}{k}.$$

Variationen sind entstanden aus Komplexionen mit verschiedenen Elementen und aus den Permutationen dieser Komplexionen. Jede Komplexion der Kombinationen gibt die gleiche Anzahl der Permutationen $k!$, darum hat die Formel der Kombinationen in engerem Sinne den Nenner $k!$.

213 Kombinationen mit Wiederholung.

Zu allgemeineren Fragen gelangt man, wenn der Vorrat von n Elementen auch gleiche, nicht voneinander unterscheidbare Elemente enthält. Es sollen m voneinander verschiedene Elementenarten vorhanden sein, die mit 1, 2, ..., m gekennzeichnet werden. Der Vorrat enthalte r_1 Elemente 1, r_2 Elemente 2, ..., r_m Elemente m, und es gilt selbstverständlich

$$r_1 + r_2 + \cdots + r_m = n.$$

Bei den aus diesem Vorrat herausgegriffenen Komplexionen spricht man wegen des mehrfachen Auftretens gleicher Elemente von Permutationen, Variationen und Kombinationen mit Wiederholung; im folgenden wird dies durch den zweiten unteren Index w angedeutet.

Für $k = n$, also für die Permutationen der angegebenen n Elemente, hat die Anzahl der Möglichkeiten den Wert (Schr. 4, S. 9—13):

$$P_{n,\,w} = \frac{P_n}{P_{r_1} \cdot P_{r_2} \cdots P_{r_m}} = \frac{n!}{r_1!\,r_2!\,\cdots\,r_m!}.$$

Bei Variationen und Kombinationen ist eine weitere Fallunterscheidung erforderlich:

a) Sind die m Bedingungen $r_\mu \geq k$ ($\mu = 1, ..., m$) erfüllt, so kann in einer aus k Elementen gebildeten Komplexion jedes einzelne Element beliebig oft auftreten: Es liegt der Fall der unbeschränkten Wiederholung vor. Die Anzahl der möglichen Variationen und Kombinationen hängt dann nicht mehr von der Gesamtzahl n der Elemente, sondern nur noch von der Anzahl m der Elementenarten ab; es gilt nämlich:

$$V_{n,\,w}^{k} = \Phi_m^k = m^k \quad \text{(Schr. 4, S. 35)},$$

$$C_{n,\,w}^{k} = \Gamma_m^k = \binom{m+k-1}{k} = \binom{m+k-1}{m-1} \quad \text{(Schr. 4, S. 20—22)}.$$

b) Gibt es unter den Zahlen r mindestens eine, die kleiner als k ist, so ist das betreffende Element nicht k-mal im Vorrat enthalten, kann also in einer k-stelligen Komplexion nicht beliebig oft wiederholt werden: Man hat den Fall der beschränkten Wiederholung. Für die Frage nach der Anzahl der Variationen und Kombinationen mit beschränkter Wiederholung sei auf die mathematische Literatur verwiesen (z. B. Schr. 4, S. 23—28 und S. 37—40).

22 Kinetische Kombinationen.

Im Hinblick auf viele technische Anwendungen wollen wir uns unter den „Elementen" jetzt gewisse einfache Ereignisse (Stöße, Töne, elektrische Stromstöße. Betätigung von Hebeln usw.) vorstellen, deren zeitliche Aufeinanderfolge den Ablauf eines technischen Vorganges kinetisch kennzeichnet.

Dann ergeben sich neue mathematische Gesichtspunkte erstens dadurch, daß mehrere solche Elemente auch zeitlich zusammenfallen können, zweitens dadurch, daß die Zeitspannen zwischen den einzelnen Ereignissen stufenweise verschieden sein können (Abschn. 23).

Bei Problemen beider Arten soll im folgenden von kinetischen Kombinationen gesprochen werden.

221 Kinetische Kombinationen einer vorgeschriebenen Komplexion.

Um zunächst das zeitliche Zusammenfallen mehrerer Elemente zu erfassen, gehen wir von einer bestimmten Komplexion a_1 bis a_k aus, in der wir die Reihenfolge der Elemente nicht ändern, dagegen zulassen, daß zwei oder mehr aufeinanderfolgende Elemente zeitlich zusammenfallen.

Die zeitlich zusammenfallenden Elemente dieser Komplexion bilden dann jeweils in sich abgeschlossene Verbände, die im folgenden Scharen genannt werden sollen. Jede Schar soll durch Zusammenfassungszeichen ⌐⎯⌐ kenntlich gemacht werden.

Bei einer zweistelligen Komplexion $a_1 a_2$ gibt es zwei Möglichkeiten — entweder a_2 folgt a_1 oder beide erscheinen gleichzeitig, also

$$a_1, a_2 \quad \text{oder} \quad \overline{a_1\, a_2} \quad = 2 \text{ Möglichkeiten.}$$

Bei einer dreistelligen Komplexion ergeben sich folgende Möglichkeiten:

$$
\begin{array}{ll}
a_1, a_2, a_3 & \\
a_1 \quad \overline{a_2 a_3} & = 4 = 2^2. \\
\overline{a_1 a_2} \quad a_3 & \\
\overline{a_1 a_2 a_3} &
\end{array}
$$

Bei einer vierstelligen Komplexion finden wir:

$$
\begin{array}{l}
a_1, \quad a_2, \quad a_3, \quad a_4 \\
a_1, \quad a_2, \quad \overline{a_3, \quad a_4} \\
a_1, \quad \overline{a_2, \quad a_3}, \quad a_4 \\
\overline{a_1, \quad a_2}, \quad a_3, \quad a_4 \qquad = 8 = 2^3. \\
\overline{a_1, \quad a_2}, \quad \overline{a_3, \quad a_4} \\
a_1, \quad \overline{a_2, \quad a_3, \quad a_4} \\
\overline{a_1, \quad a_2, \quad a_3}, \quad a_4 \\
\overline{a_1, \quad a_2, \quad a_3, \quad a_4}
\end{array}
$$

Analog hat eine Komplexion mit k Gliedern 2^{k-1} kinetische Möglichkeiten. Das beweist man durch vollständige Induktion. Die Behauptung sei für ein bestimmtes k als richtig erkannt, und man denkt sich alle kinetischen Kombinationen der Komplexionen a_1 bis a_k zusammengestellt. Nimmt man ein neues Element a_{k+1} hinzu (dieses Element ist nur an den Schluß der Komplexion zu setzen), so entstehen die neuen kinetischen Komplexionen auf zweifache Art:

Man kann a_{k+1} als einzelnes Element anfügen, oder man kann es der letzten Schar angliedern. Beim Übergang von der Stellenzahl k zur Stellenzahl $k+1$ verdoppelt sich also die Anzahl der kinetischen Komplexionen. Die ursprüngliche Behauptung ist also für die Stellenanzahl $k+1$ richtig. Da sie für $k=2$ als richtig erkannt ist, haben wir damit den obigen Satz allgemein bewiesen.

Man kann dieselbe Formel noch auf einem anderen Weg beweisen: wenn man in der Komplexion $a_1\, a_2 \cdots a_k$ einzelne Elemente zu Scharen vereinigt, so geschieht das bei dem hingeschriebenen Ausdruck durch Einfügen von Bindungszeichen. In jeden der $k-1$ Zwischenräume kann also entweder ein Bindungszeichen oder kein Zeichen eingefügt werden; d. h. man hat 2 Elemente mit unbeschränkter Wiederholung auf $k-1$ Plätze zu verteilen.

Die Anzahl der Variationen aus 2 Elementen zu $k-1$ Stellen mit unbeschränkter Wiederholung ist

$$V_2^{k-1} = 2^{k-1}.$$

222 Kinetische Kombinationen in engerem Sinne. $C_n^{k(kin)}$

Die Anzahl verschiedener Komplexionen (nicht kinetischer) war hier $C_n^k = \binom{n}{k}$. Alle diese Komplexionen sind von einander verschieden, weil mindestens ein Element in zwei Komplexionen verschieden ist.

Die Anzahl der kinetischen Möglichkeiten in einer Komplexion ist gleich 2^{k-1}. Darum

$$C_n^{k(kin)} = C_n^k \cdot 2^{k-1} = 2^{k-1}\binom{n}{k}.$$

223 Kinetische Permutationen. P_n^{kin}

Wir betrachten n Elemente $a_1, a_2, a_3, \ldots a_n$ und lassen zu, daß diese Elemente untereinander vertauscht und auch zu Scharen vereinigt werden. Die Anzahl dieser kinetischen Permutationen von n Elementen ist nicht gleich $2^{n-1} \cdot n!$, wie man zunächst annehmen könnte, sondern kleiner; denn es hat keinen Sinn, Elemente zu permutieren, die einer Schar angehören, d. h. gleichzeitige Ereignisse bezeichnen. Durch einfaches Abzählen findet man $P_1^{kin} = 1$,

$P_2^{kin} = 3$, nämlich $a_1 a_2$, $a_2 a_1$, $\overline{a_1 a_2}$,

$P_3^{kin} = 13$, nämlich $a_1\ a_2\ a_3$, $\quad a_2\ a_1\ a_3$, $\cdots$, zusammen $= 6$ (3-scharige)

$$\overline{a_1\ a_2}\ a_3 \quad \overline{a_3\ a_1}\ a_2$$

$$a_1\ \overline{a_2\ a_3} \quad \overline{a_2\ a_3}\ a_1 \quad = 6 \text{ (2-scharige)}$$

$$\overline{a_2\ a_1}\ a_3 \quad a_1\ \overline{a_3\ a_2}$$

$$\overline{a_1\ a_2\ a_3} \quad = 1 \text{ (1-scharige)}$$

somit $6 + 6 + 1 = 13$.

Um für ein beliebiges n die Anzahl P_n^{kin} zu ermitteln, teilen wir die Gesamtheit aller kinetischen Permutationen noch nach der Zahl der in ihnen enthaltenen Scharen ein. Bei den kinetischen Permutationen von 3 Elementen z. B. haben wir sechs 3-scharige, sechs 2-scharige und eine 1-scharige kinetische Permutationen. Nun sei für jede Scharenanzahl s $P_{n,\,s}^{kin}\ (s \leqq n)$ die Anzahl der s-scharigen kinetischen Permutationen von n Elementen. Summiert man über s von 1 bis n, so ergibt sich zunächst

$$P_n^{kin} = \sum_{s=1}^{n} P_{n,\,s}^{kin}$$

Für jedes beliebige n ist $P_{n,1} = 1$, denn man kann nur auf eine Weise alle Elemente zu einer Schar vereinigen.

Die Berechnung der weiteren $P_{n,s}$ geschieht am besten rekursiv[1].

Wir fügen den bisherigen n Elementen ein $(n+1)$-tes hinzu und berechnen $P_{n+1,s}$. Die s-scharigen kinetischen Permutationen von $n+1$ Elementen können dabei auf zwei Arten entstehen:

1. man kann zunächst von den $s-1$-scharigen kinetischen Permutationen der n Elemente ausgehen und das neue Element als neue eingliedrige Schar hinzufügen. Da in jeder der kinetischen Permutationen s Plätze dafür zur Verfügung stehen (vorne, hinten und $s-2$ Zwischenräume), erhalten wir $s \cdot P_{n,\,s-1}$ Möglichkeiten.

2. man kann außerdem das neue Element in jede einzelne Schar der s-scharigen kinetischen Permutationen aus n Elementen eingliedern; dafür gibt es $s \cdot P_{n,\,s}^{kin}$ Möglichkeiten.

Damit haben wir folgende Rekursionsformel:

$$P_{n+1,\,s}^{kin} = s\left(P_{n,\,s}^{kin} + P_{n,\,s-1}^{kin}\right).$$

Aus dieser Rekursionsformel ergibt sich in Verbindung mit $P_{n,1} = 1$ die nachstehende Tafel der $P_{n\,s}^{kin}$.

---

[1] Die in folgendem dargestellte Methode verdanke ich einer Anregung von Herrn Professor COLLATZ.

Durch Addition der einzelnen Spalten findet man die Gesamtanzahlen P_n^{kin} der kinetischen Permutationen.

		Anzahl n der Elemente					
		1	2	3	4	5	6
	1	1	1	1	1	1	1
Anzahl s der Scharen	2		2	6	14	30	62
	3			6	36	150	540
	4				24	240	1560
	5					120	1800
	6						720
P_n^{kin}		1	3	13	75	541	4683

224 Kinetische Variationen $V_n^{k(kin)}$

Wir betrachten jetzt einen Vorrat von n Elementen, aus dem k Elemente ausgewählt werden. Davon sollen die kinetischen Permutationen gebildet werden. So entstandene Komplexionen sind kinetische Variationen aus n Elementen k-ter Klasse. Wie schon gesagt, entsteht aus zwei verschiedenen Kombinationen niemals die gleiche kinetische Variation. Daher ergibt sich die Gesamtzahl der kinetischen Variationen als Produkt aus C_n^k und P_k^{kin}

$$V_n^{k(kin)} = C_n^k \cdot P_k^{kin} .$$

23 Kinetische Kombinationen mit variierender Zeitspanne.

Bis jetzt haben wir einen Sonderfall der kinetischen Kombinationen behandelt, bei dem der Zeitabstand zwischen zwei vorkommenden Elementen oder Elementenscharen immer gleich war. Einen allgemeinen Fall haben wir dann, wenn die Zeitspanne zwischen zwei Elementen oder deren Scharen verschieden sein kann. Da sie grundsätzlich beliebiger reeller Werte fähig ist, hat man unendlich viele Möglichkeiten. Praktisch gibt es aber gewisse Stufen oder mindestens Beobachtungsschwellen in den Zeitspannen zwischen zwei erscheinenden Elementen, so daß häufig im technischen Sinne nur eine endliche Anzahl der Zeitspannen zu betrachten ist.

Wenn z. B. die Zeitspanne t vier Zeitwerte t_1 t_2 t_3 t_4 haben kann, dann geben die Elemente a_1 und a_2 vier Möglichkeiten, nämlich

$$a_1(t_1)a_2 \quad a_1(t_2)a_2 \quad a_1(t_3)a_2 \quad a_1(t_4)a_2.$$

Drei Elemente a_1, a_2, a_3 geben 16 Möglichkeiten, weil zwischen $a_1—a_2$ und $a_2—a_3$ je vier verschiedene Möglichkeiten gegeben sind, solange eine Zusammenlegung zu Scharen nicht zugelassen wird.

231 Kinetische Kombinationen mit variierender Zeitspanne einer Komplexion.

Es liegen n Elemente vor, für deren zeitlichen Abstand t voneinander verschiedene Zeitspannen möglich sind, außerdem können diese Elemente auch zu Scharen vereinigt werden; doch soll die Reihenfolge der Elemente unverändert bleiben.

Wir können jede Möglichkeit dadurch kenntlich machen, daß wir in die $n-1$ Zwischenräume entsprechend den möglichen Zeitspannen eine der Zahlen $0, 1, 2, 3 \ldots t$ einfügen (Zeitspanne 0 als Zeichen für die Vereinigung zu einer Schar). Da für diese $t+1$ verschiedenen Symbole alle Variationen mit Wiederholung zur $n-1$ Klasse möglich sind, haben wir $(t+1)^{n-1}$ als gesuchte Anzahl.

Das Ergebnis von Abschn. 221 ist hierin als Sonderfall für $t=1$ enthalten.

232 Kombinationen in engerem Sinne aus n-Elementen zur k-Klasse.

Dieselben Überlegungen wie in Abschn. 222 führen, wenn man auch bei der allgemeinen kinetischen Kombination t verschiedene Zeitspannen zuläßt, zu dem Ergebnis

$$C_n^{k(kin_t)} = C_n^k \cdot (t+1)^{k-1}.$$

233 Permutationen mit variierender Zeitspanne.

Wir führen nun die t verschiedenen Zeitspannen in die kinetischen Permutationen ein. Wenn man von einer der in Abschn. 223 betrachteten s-scharigen kinetischen Permutationen aus n Elementen ausgeht, so ergeben sich jetzt insgesamt t^{s-1} neue Möglichkeiten, da jeder der $s-1$ Zwischenräume mit einem der Symbole $1, 2, \ldots t$ besetzt werden kann. (Das Symbol 0 kommt hier nicht in Frage, weil bei seinem Einfügen eine neue Schareneinteilung entstehen würde.)

Als Gesamtzahl der kinetischen Permutationen aus n Elementen mit t verschiedenen Zeitspannen ergibt sich dann

$$P_n^{kin_t} = \sum_{s=1}^{n} P_{n,s} \cdot t^{s-1}.$$

(In dem besonderen Falle $t=1$ liegen wieder die Verhältnisse von Abschn. 223 vor.)

234 Variationen mit variierender Zeitspanne.

Auf entsprechende Weise wie in Abschn. 224 erhält man als Anzahl der kinetischen Variationen aus n Elementen zur k-ten Klasse mit t verschiedenen Zeitspannen den Wert

$$V_n^{k(kin_t)} = C_n^k \cdot P_k^{kin_t}.$$

Für kinetische Variationen kann ein anschauliches Beispiel aus der Musik gegeben werden. Es zeigt, wie ungeheuer viel zahlreicher die Möglichkeiten der kinetischen Kombinationen als die der gewöhnlichen sind. Das Beispiel bestehe in der Frage: Wieviel verschiedene musikalische Kombinationen zu je 6 Tönen können aus den 12 Tönen der Tonleiter entstehen, wenn diese Noten zusammen oder nacheinander oder scharenweise gespielt sein können (ohne daß derselbe Ton sich wiederholt) und wenn die Zeitspanne 7 Werte annehmen kann (1, $^1/_2$, $^1/_4$, $^1/_8$, $^1/_{16}$, $^1/_{32}$, $^1/_{64}$).

$$V_{12}^{6\,kin\,7} = \frac{12}{6} \cdot P_6^{kin\,7}$$

$$= 924 \left(P_{6,1}^{kin} + P_{6,2}^{kin} \cdot 7^{2-1} + P_{6,3}^{kin} \cdot 7^{3-1} + P_{6,4}^{kin} \cdot 7^{4-1} \right.$$

$$\left. + P_{6,5}^{kin} \cdot 7^{5-1} + P_{6,6}^{kin} \cdot 7^{6-1} \right)$$

$$= (1 + 62 \cdot 7 + 540 \cdot 49 + 1560 \cdot 340 + 1800 \cdot 2401 + 720 \cdot 16 \cdot 807)$$
$$\cdot 924 = 15\ 593\ 969\ 060.$$

24 Kinetische Kombinationen der höheren Ordnung.

Bei unseren bisherigen Betrachtungen der kinetischen Kombinationen hatten wir stets mit Komplexionen zu tun, in denen jedes der Elemente nur einmal vorkam, sei es als Einzelelement oder als Glied einer Schar.

Zu einer anderen technisch sehr wichtigen Fragestellung kommt man, wenn man die aus den ursprünglichen Elementen gebildeten Scharen als neue Elemente ansieht und mit ihnen die Stellen einer Komplexion besetzt. Die Gleichstellung der Scharen mit den Einzelelementen ist immer dann sinnvoll, wenn das Auftreten einer Schar dieselbe Zeit erfordert wie das Auftreten eines Einzelelementes.

Aus zwei Grundelementen a und b entstehen auf diese Weise drei $a, b\ (ab)$ usw.

Die technische Bedeutung solcher Kombinationen wird durch folgende Beispiele erläutert:

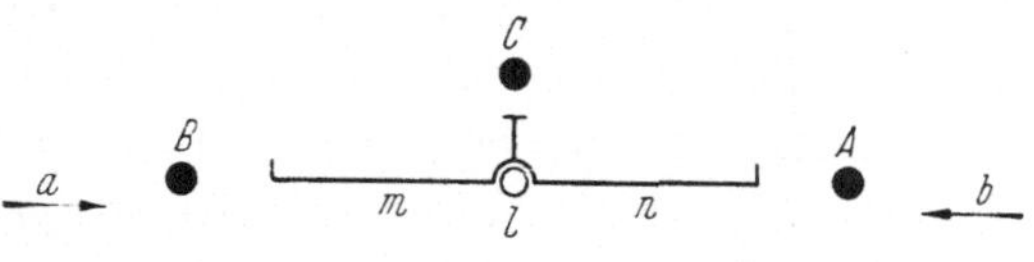

Beispiel 1:   Bild 1

a ist ein Stoß nach rechts und schaltet Kontakt A,
b ist ein Stoß nach links und schaltet Kontakt B.
Wenn beide Stöße zu gleicher Zeit wirken, dann biegen sich m und n um das Scharnier l und schalten Kontakt C.

Beispiel 2:

Zweihandausrückung an Pressen. Drücken des Hebels A verursacht die Schwenkung von e nach rechts um Gelenk l, Drücken von B Schwenkung nach links. Gleichzeitiges Drücken beider Hebel verursacht Bewegung nach oben.

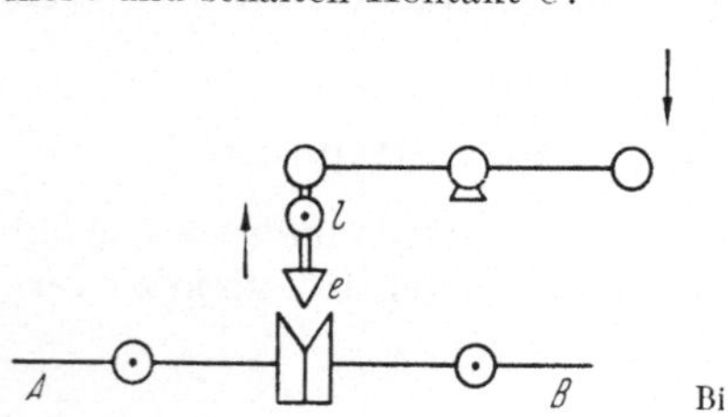

Bild 2

Beispiel 3:

Es kann ein Telegraph gebildet werden, bei dem a als gehobene linke Hand gilt, b als gehobene rechte und (ab) als gehobene beide Hände und drittes Element gelten.

Wir gehen jetzt von n gegebenen Grundelementen $a_1, a_2, \ldots a_n$ aus und fragen nach der Gesamtzahl der neuen Elemente (einschließlich der ursprünglichen).

Bei der Bildung einer beliebigen Schar müssen wir für jedes einzelne Element entscheiden, ob es in die Schar aufgenommen werden soll oder nicht, d. h. wir haben n-mal hintereinander zwischen zwei Möglichkeiten zu wählen. Die Gesamtzahl der so gebildeten Scharen wäre demnach gleich 2^n (Variationen mit Wiederholung aus 2 Elementen n-ter Klasse), wenn nicht eine Möglichkeit ausfiele, daß keines der Elemente in die Schar aufgenommen wird.

Die Gesamtzahl der als neue Elemente dienenden Scharen ist also gleich $2^n - 1$. Zu demselben Ergebnis gelangt man auch, wenn man die Anzahlen der Kombinationen in engerem Sinne ohne Wiederholung aus n-Elementen der 1., 2., 3., ... bis n-ten Klasse addiert:

$$\binom{n}{1} + \binom{n}{2} + \binom{n}{3} + \cdots \binom{n}{n} = 2^n - 1.$$

Alle diese $(2^n - 1)$ Scharen können nun als Elemente von Permutationen, Variationen, Kombinationen mit und ohne Wiederholung dienen, z. B. Formel für Variationen mit Wiederholungen k-ter Klasse aus ursprünglichen n Elementen wäre $(2^n - 1)^k$ usw.

Die so entstehenden Komplexionen nennen wir kinetische Kombinationen höherer Ordnung der ursprünglichen Elemente.

25 Kombinationen im Raume.

Im praktischen Leben, besonders bei technischen Konstruktionen entstehen häufig neue Gebilde lediglich dadurch, daß dieselben Teile in eine andere räumliche Anordnung gebracht werden. Daher ist es nützlich, die räumliche Lage in die Kombinationslehre einzubeziehen.

Allein die räumliche Beziehung zweier Elemente gibt uns eine unbegrenzte Zahl von Möglichkeiten. Wenn wir annehmen, daß Element A unbeweglich sei, dann kann Element B im unbegrenzten Raum eine unbegrenzte Anzahl verschiedener Lagen annehmen, und bei der Betrachtung von Element A und B als Ganzem werden wir eine unbegrenzte Anzahl der Gesamtgebilde haben.

Außerdem können A und B, wenn sie keine geometrischen Punkte sind, noch verschiedene Orientierungen in bezug auf drei räumliche Achsen annehmen, ohne den Ort ihres geometrischen Zentrums zu ändern. Die daraus entstehenden Unendlichkeiten in dritter Potenz sind

nur auf einen Gegenstand A oder B anzuwenden, weil die Richtungs-
änderungen des anderen den Lagenänderungen des ersten gleichwertig
sind, sofern man lediglich das Ganze (AB) als Baugebilde für sich,
d. h. ohne Lage im Raum betrachtet.

Gehen wir von A aus und legen ein Koordinatensystem mit seinem
Ursprung in den einen Hauptpunkt von A und mit seinen Richtungen
in die Hauptrichtungen von A, so kann B Lagen mit den Koordinaten b_x,
b_y, b_z haben, und seine Hauptrichtung kann durch zwei Drehungen um
β_x, β_y verändert werden, dann wird

$$N = b_x \cdot b_y \cdot b_z \cdot \beta_x \cdot \beta_y.$$

Hier ist die Lage und Richtung des Gebildes (AB) in bezug auf den
Beobachter außer acht gelassen. Bei drei Gegenständen wächst N auf
ein Vielfaches, nicht nur wegen der Lagemöglichkeiten des dritten
Gegenstandes, sondern auch wegen der Beziehung des dritten Gegenstandes zu den zwei ersten als Ganzem usw.

Die praktische Anzahl der Kombinationen aus den verschiedenen
Lagen der gegebenen Gegenstände ist jedoch begrenzt, und zwar wegen
beschränkter Entfernungen der technischen Gegenstände voneinander,
der sinnvollen Stufung verschiedener Richtungen, der Schwelle der technischen Genauigkeit, Benutzung von Drehkörpern, rechteckigen und
symmetrischen Formen.

Bei den einzelnen technischen Problemen können sehr verschiedene
Bedingungen für die Ausrechnung der Elemente zu den Raumstellen
vorkommen. Im Rahmen dieser Arbeit kommt eine vollständige Darstellung aller dieser Möglichkeiten nicht in Betracht. Daher seien im
folgenden die einfachsten Fälle herausgegriffen:

Es bestehe eine gewisse Anzahl n der Elemente und eine Anzahl k
der Raumstellen. Außerdem kann jedes Element eine gewisse Anzahl der
Lagen in einer Raumstelle annehmen, und zwar bezeichnen wir mit l_r^s
die Anzahl der Lagen, die das r-te Element an der s-ten Raumstelle annehmen kann. Insbesondere wird $l_r^s = 0$ gesetzt, wenn das r-te Element
an der s-ten Stelle nicht vorkommen kann.

Wir stellen die Werte l_r^s zu einer Rechteckmatrix (weiter Matrix $\mathfrak{L}$
genannt) zusammen, in der jede Zeile einem Element, jede Spalte einer
Raumstelle zugeordnet ist[1].

$$\left\{ \begin{array}{llllllllll}
l_1^1, & l_1^2, & l_1^3, & \cdot & \cdot & \cdot & \cdot & \cdot & \cdot & l_1^k \\
l_2^1, & l_2^2, & l_2^3, & \cdot & \cdot & \cdot & \cdot & \cdot & \cdot & l_2^k \\
\cdot & \cdot & \cdot & \cdot & \cdot & \cdot & \cdot & \cdot & \cdot & \cdot \\
l_n^1, & l_n^2, & l_n^3, & \cdot & \cdot & \cdot & \cdot & \cdot & \cdot & l_n^k
\end{array} \right\}$$

----

[1] Die Anwendung der Matrizenform in diesem Problem ist von Dr. H. Epheser
vorgeschlagen worden.

Der allgemeinste auf diese Weise erfaßbare Fall ist der, daß die Anzahl der Lagen, die ein Element an einer Raumstelle annehmen kann, sowohl von dem Element als auch von der Raumstelle abhängt. Aus diesem Grunde nehmen wir an, daß alle l_r^s uns bekannt sind. Dagegen bleiben alle die Fälle unberücksichtigt, in denen die Anzahl der Lagemöglichkeiten eines Elementes an einer Stelle von der Besetzung der benachbarten Stellen abhängt.

Wenn wir die Gesamtzahl der möglichen Kombinationen ermitteln wollen, müssen wir unterscheiden, ob $n > k$ oder $n < k$ ist; für $n = k$ sind beide Ergebnisse identisch.

Wir nehmen zunächst $n > k$ an. Da in diesem Falle jede der k Raumstellen mit einem Element besetzt wird, kann zuerst die Verteilung der Elemente auf die Stellen vorgenommen werden. Eine jede solche Verteilung ist durch eine Variation zur k-ten Klasse ohne Wiederholung aus den Zahlen $1, 2, 3, \ldots n$ gekennzeichnet, die mit $(v_1, v_2, v_3, \ldots v_n)$ bezeichnet werde.

Damit ist gemeint, daß an der Raumstelle 1 das Element a_{v_1}, an der Raumstelle 2 das Element a_{v_2} usw., und an der Raumstelle k das Element a_{v_k} stehen soll. Das Element a_{v_1} kann an der ersten Raumstelle $l_{v_1}^1$ Lagen annehmen, und für die anderen Raumstellen ergeben sich entsprechend die Zahlen

$$l_{v_2}^2, \; l_{v_3}^3, \; \ldots l_{vk}^k \; \text{(s. obige Matrix)}.$$

Wenn man diese Zahlen multipliziert, erhält man die Gesamtzahl der Lagemöglichkeiten bei der vorgeschriebenen Verteilung der Elemente. Die Gesamtzahl aller Lagemöglichkeiten ergibt sich daraus, daß man noch diese Produkte für alle möglichen Variationen k-ter Klasse addiert:

$$\mathfrak{L} = \sum_{V_n^k \, (1, 2 \ldots n)} l_{v_1}^1 \cdot l_{v_2}^2 \cdots l_{vk}^k \qquad n \geq k.$$

Im Falle $n < k$ hat man gewissermaßen die Raumstellen auf die Elemente zu verteilen; damit vertauschen die Zahlen k und n in der Rechnung die Rollen.

Man findet

$$\mathfrak{L} = \sum_{V_k^n \, (1, 2 \ldots k)} l_1^{v_1} \cdot l_2^{v_2} \cdots l_k^{vk} \qquad n \leq k.$$

Diese allgemeinen Ergebnisse vereinfachen sich in einigen Sonderfällen.

251 Freie Stellenbesetzung bei stellengebundener Lageanzahl.

Wir nehmen hier an, daß jedes Element in allen Stellen vorkommen kann und daß die Anzahl der Lagemöglichkeiten eines Elementes an einer Stelle nur von der Stelle, aber nicht vom Element abhängt.

Dann stehen in der Matrix $\mathfrak{L}$ in jeder *Spalte* lauter gleiche Zahlen, nämlich

$$l_1^1 = l_2^1 = \cdots = l_k^1 = l^1$$
$$l_1^2 = l_2^2 = \cdots = l_k^2 = l^2 \cdots$$
$$l_1^k = l_2^k = \cdots = l_n^k = l^k$$

Auch hier muß wieder unterschieden werden, ob $n \lessgtr k$ ist.

Im Falle $n > k$ haben alle in der Summe vorkommenden Produkte den Wert $l^1 \cdot l^2 \cdot l^3 \cdots l_k$. Die Anzahl der Summanden ist V_n^k.

Die Gesamtanzahl beträgt also

$$\mathfrak{L} = V_n^k \cdot l^1 \cdot l^2 \cdots l^k$$
$$= n(n-1) \cdots (n-k+1) \cdot l^1 \cdot l^2 \cdots l^k \qquad (n \geq k)$$

Im Falle $n < k$ werden nicht alle Stellen besetzt, und daher treten in der Gesamtsumme verschiedene Produkte der Lagemöglichkeiten auf. Zunächst kann man darüber verfügen, welche der k Raumstellen besetzt werden sollen: es seien dies die Stellen mit den Nummern ν_1, $\nu_2, \ldots \nu_n$ $(\nu_1 < \nu_2 \ldots < \nu_n)$.

Das zugehörige Produkt heißt $l^{\nu_1} \cdot l^{\nu_2} \cdots l^{\nu_n}$ und dieses Produkt tritt so oft auf, wie man diese Elemente permutieren kann.

Das Ergebnis ist

$$\mathfrak{L} = n! \sum_{C_k^n (1 \ldots k)} l^{\nu_1} \cdot l^{\nu_2} \cdots l^{\nu_n}$$

Diese Summe hat $C_k^n = \binom{k}{n}$ Glieder, weil auf so viele Arten auf k Stellen n Elemente aufgeteilt sein können.

252 Freie Stellenbesetzung bei elementengebundener Lageanzahl.

Es können wiederum alle Elemente in allen Stellen vorkommen, die Anzahl der Lagemöglichkeiten eines Elementes in einer Stelle hängt aber jetzt vom Element, nicht von der Stelle ab.

Dann stehen in jeder *Zeile* der Matrix $\mathfrak{L}$ lauter gleiche Zahlen

$$l_1^1 = l_1^2 = l_1^3 = \cdots = l_1^k = l_1$$
$$l_2^1 = l_2^2 = l_2^3 = \cdots = l_2^k = l_2$$
$$\cdots \cdots \cdots$$
$$l_n^1 = l_n^2 = l_n^3 = \cdots = l_n^k = l_n$$

In diesem Falle ist die Überlegung für $n < k$ einfacher. Da alle Elemente immer vorkommen, lauten die Produkte $l_1 \cdot l_2 \cdot l_3 \cdots l_n$, und die Anzahl der Summanden ist V_k^n.

Es ist also

$$\mathfrak{L} = V_k^n \cdot l_1 \cdot l_2 \cdots l_n = k(k-1) \cdots (k-n+1) \cdot l_1 l_2 \cdots l_n \qquad (n \leqq k)$$

Im Falle $n > k$ entsprechen die Verhältnisse weitgehend denen, die wir in Abschn. 251 für den Fall $n < k$ angetroffen haben, wenn in der Überlegung Stellen und Elemente vertauscht werden.

Es ist

$$\mathfrak{L} = k! \sum_{C_n^k(1\,\ldots\,n)} l_{\nu_1} \cdot l_{\nu_2} \cdot l_{\nu_3} \cdots l^{\nu_k} \qquad (n > k)$$

Diese Summe hat $\binom{n}{k}$ Glieder.

253 Elemente mit nur für sie bestimmten Stellen.

Als besonders einfacher Fall nicht freier Stellenbesetzung sei derjenige herausgegriffen, in dem es für jedes Element gewisse, nur für dieses bestimmte Stellen gibt.

In diesem Falle enthält jede Spalte der $\mathfrak{L}$-Matrix nur *eine* von Null verschiedene Zahl. Um die Gesamtzahl der möglichen Raumkombinationen zu ermitteln, bestimmt man zuerst die Gesamtzahl der Lagemöglichkeiten jedes einzelnen Elementes, wobei es gleichgültig ist, auf wieviel Raumstellen sich diese verteilen.

Die Zahlen seien $\mathfrak{L}_1$, $\mathfrak{L}_2$, $\ldots \mathfrak{L}_n$. Dann ist die Gesamtzahl der möglichen Raumkombinationen

$$\mathfrak{L} = \mathfrak{L}_1 \mathfrak{L}_2 \ldots \mathfrak{L}_n .$$

254 Schlußbemerkung.

Angesichts der Mannigfaltigkeit der Vorschriften, die über die Stellenbesetzung möglich sind, erscheinen in Abschn. 251 bis Abschn. 253 behandelte Fragen nur als einfache Spezialfälle. Es ist sicher möglich, die Reihe dieser Spezialfälle noch fortzusetzen, indem man die jeweiligen Bedingungen der Stellenbesetzung beim Aufstellen der $\mathfrak{L}$-Matrix beachtet und die daraus sich ergebenden Vereinfachungen ausnutzt.

Mit der allgemeinen Einleitung von Abschn. 25 dürfte aber der Rahmen derjenigen Probleme über Raumkombinationen abgesteckt sein, die sich allein mit dem Mittel der Kombinatorik lösen lassen.

Technisch wichtig wären darüber hinaus noch diejenigen Aufgaben, bei denen die Bedingungen für die Besetzungen benachbarter Stellen miteinander gekoppelt sind. Diese Probleme erfordern außer der kombinatorischen Betrachtung noch eine eingehende Berücksichtigung der geometrischen Gegebenheiten (Anordnung der Raumstellen, Form und Symmetrieeigenschaften der Elemente). Wichtig wäre es auch, Kombinationen zu untersuchen, bei denen zugleich räumliche Anordnung und zeitliche Folge eingehen, weil jeder mechanische Vorgang sich in Raum und Zeit abspielt.

3 Das Zahlensystem als Normungsaufgabe, eine Nutzanwendung der kombinatorischen Betrachtung.

In den Kombinationen haben wir ein vorzügliches Mittel gefunden, um eine Vielzahl von Dingen oder Begriffen mit geringem Aufwand von Elementen zu bezeichnen. Die Zuordnung der Elementkomplexionen zu den Dingen oder Begriffen nennen wir Verschlüsselung. Ein Hauptgesichtspunkt bei der Schaffung einer Verschlüsselungsnorm ist das *Prinzip der Sparsamkeit*, weil es jeder Norm zugrunde liegen muß. Es verlangt, daß häufig vorkommende Begriffe durch möglichst einfache und kurze Zeichen wiedergegeben werden. Hinzu kommt noch der Gesichtspunkt der *Systematik*, die der leichteren Erlernbarkeit und Übersichtlichkeit dient. Wir wollen im folgenden zeigen, wie man von diesen Gesichtspunkten aus das System der natürlichen Zahlen im Sinne einer Norm aufbauen kann, d. h. wir stellen uns in Gedanken vor die *Normungsaufgabe*, ein Zahlensystem aufzustellen. Das ist durchaus nicht müßig, einmal weil es eine Kritik an der bestehenden Norm des Zehnersystems bzw. eine Stellungnahme zu den Kritiken der Vorkämpfer eines Zwölfersystems ermöglicht, zum andern, weil es das Zweier- oder Dualsystem deutlicher in den Gesichtskreis der Ingenieure rückt, die es als zweite Norm neben dem Zehnersystem, z. B. für bestimmte Aufgaben der Rechen- und Steuerungstechnik, unmittelbar brauchen.

31 Kombinatorischer Aufbau eines Zahlensystems.

311 Allgemeine Untersuchung über die notwendige Anzahl der Elemente und der Stellen.

Wir bezeichnen mit n die Anzahl der Elemente (Ziffern z. B. im Zehnersystem 0, 1, 2, 3, ... 9). Aus diesen Elementen können wir n^k Variationen mit Wiederholungen zur k-ten Klasse (k-stellige Zahlen) bilden.

Diese Art der Kombinationen wird gewählt, weil sie bei gegebener Elementen- und Stellenzahl die größte Anzahl der Möglichkeiten gibt.

Werden für k die Werte 1, 2, ... bis r zugelassen, so ergibt sich als Gesamtanzahl der aus den n Elementen mit höchstens r Stellen bildbaren Komplexionen

$$S_{n,\,r} = (n^r + n^{r-1} + \cdots n^2 + n) = \frac{n \cdot (n^r - 1)}{n-1}.$$

Sollen nun durch derartige Komplexionen alle natürlichen Zahlen von 1 bis zu einer gewünschten größten Zahl N gebildet werden, so wird man zuerst fragen, welche Elementenzahl n und welche Stellenhöchstzahl r erforderlich sind.

Die erste Antwort hierauf lautet: r und n müssen so gewählt werden, daß $S_{n,\,r} = N$ wird. Wir haben dabei einen Freiheitsgrad, und man sieht unmittelbar, daß die Stellenhöchstzahl um so größer wird, je kleiner die Zahl der verwendeten Elemente ist und umgekehrt.

Schreibt man n vor, so ergibt sich das kleinste notwendige N aus

$$S_{n-1,\,r} < N \lessgtr S_{n,\,r}.$$

Wenn wir die trivialen Fälle $r=1$; $n=N$ und $n=1$; $r=N$ ausschließen, ergeben sich die beiden folgenden Grenzfälle:

a) $n=2$ (sogenanntes Zweier- oder Dualsystem), dann bestimmt sich r aus der Bedingung

$$2^{r+1} - 2 \geqq N; \quad 2^{r+1} \geqq N + 2.$$

Das ergibt
$$r = \left\{ \frac{^2\!\log(N + 2)}{^2\!\log 2} \right\} - 1.$$

Das hier angewandte Symbol der geschweiften Klammern hat folgende Bedeutung: ist z eine beliebige positive Zahl, so bedeutet $\{z\}$ die kleinste positive ganze Zahl, die größer oder gleich z ist.

b) $r=2$. Die nötige Elementenzahl n ergibt sich dann aus der Bedingung:

$$\frac{n\,(n^2 - 1)}{n - 1} = n\,(n + 1) \geqq N.$$

Da die quadratische Gleichung

$$x^2 + x - N = 0;$$

die positive Wurzel

$$x = \frac{1}{2}\left(\sqrt{4\,N + 1} - 1\right)$$

hat, ist die notwendige Elementenzahl durch

$$n = \left\{ \frac{1}{2}\left(\sqrt{4\,N + 1} - 1\right) \right\} \quad \text{bestimmt.}$$

312 Ordnung und Verschlüsselung.

Nach diesen summarischen Überlegungen wenden wir uns nun dem auf unsere Normungsaufgabe angewandten Ordnungsprinzip zu, durch das die einzelnen Ziffernkombinationen den Zahlen zugeordnet werden. Wir haben völlige Freiheit, alle aus n Elementen entstandenen Komplexionen der natürlichen Zahlenreihe zuzuordnen, d. h. jede Zahl kann zu jeder beliebigen Komplexion verschlüsselt werden. Die uns geläufige arabische Ziffernschreibweise ist nur eine unter dieser Vielzahl von Möglichkeiten. Es ist aber nicht schwer, zu der Überzeugung zu kommen, daß sie die günstigste ist.

Wenden wir uns nun dem Prinzip der Sparsamkeit zu, so haben wir die Häufigkeitsverteilung im Gebrauch der verschiedenen Zahlen in Betracht zu ziehen. Dabei stellen wir fest, daß die kleineren Zahlen viel häufiger gebraucht werden als die größeren. Daher müssen gerade die kleineren Zahlen mit möglichst kleinen Anzahlen von Elementen bestimmt werden. Die Anzahl der Möglichkeiten, N Komplexionen zur natürlichen Zahlenreihe von 1 bis N zuzuordnen, ist gleich der Anzahl aller möglichen Permutationen aus N Komplexionen aller Elemente, d. h. N! Es ist mathematisch nicht schwer zu beweisen, daß jede beliebige Zahl N eines solchen Zahlensystems auf diese Weise mit beliebigem $n < N$ ausgedrückt werden kann als

$$N = a_1 n^0 + a_2 n^1 + a_3 n^2 \cdots a_k n^{k-1}$$

worin $a_1, a_2, a_3, \ldots a_n$ die Werte von 0 bis $n-1$ annehmen können.

Darum werden die zur Verfügung stehenden n Kombinationselemente einzeln zur Bestimmung der einfachsten Zahlen von 1 bis n angewandt. Dann entsprechen die Elemente $a_1, a_2, a_3, \ldots a_n$ der Zahlenreihe 1, 2, 3, ... bis n.

Auf diese Weise haben wir die ersten n Zahlen bestimmt. Die weiter folgenden Zahlen werden durch zweistellige Komplexionen bezeichnet, welche uns zusätzlich $n \cdot n = n^2$ Variationen geben.

Selbstverständlich behält die Größenordnung der Ziffern ihre Gültigkeit auch in jeder Stelle der Elemente, d. h.

$$a_3 a_2 > a_3 a_1, \qquad a_3 a_1 > a_2 a_1.$$

(Die Symbole $a_3 a_1$ usw. sind hier nicht als Produkte, sondern als Zahlengebilde aufzufassen.)

Es bleibt noch die Frage offen, ob bei der Größenbestimmung die erste (linke) oder die zweite (rechte) Stelle den Vorrang haben soll. Von dem Standpunkt der Systematisierung ist das gleichgültig. In Übereinstimmung mit der üblichen Schreibweise geben wir willkürlich der linken Stelle den Vorrang; wir folgen damit der Norm „Lesen von links nach rechts" und der Gepflogenheit, zuerst das Wichtigere, Umfassendere zu nennen und dann das Untergeordnete (37 = Gruppe 30—39, dann darin die Zahl 7 an der zweiten Stelle). Das heißt, es ist allgemein

$$a_i a_k > a_k a_i \quad \text{für } i > k.$$

Die kleinste zweistellige Zahl ist dann

$$a_1 a_1.$$

Aus Gründen der Übersichtlichkeit bezeichnen wir die darauf folgenden natürlichen Zahlen durch die Komplexionen $a_1 a_2$, $a_1 a_3$, $a_1 a_4 \ldots a_1 a_n$, ohne dabei eine Zahl auszulassen. Dann muß als nächste die Komplexion $a_2 a_1$ folgen, weil alle Möglichkeiten mit a_1 in der linken Stelle erschöpft sind und weil die kleinste Komplexion mit a_2 auf der linken Seite $a_2 a_1$ ist. Die weiteren sind $a_2 a_2$, $a_2 a_3 \ldots a_2 a_n$. Das so skizzierte Ordnungsprinzip bleibt auch weiter maßgebend, und allgemein gilt

$$a_i \, a_k > a_l \, a_m \,, \text{ wenn entweder } i > 1$$

oder $\qquad\qquad i = 1 \text{ und } k > m \,.$

Wie schon erwähnt, hat diese Folge der Komplexionen n^2 Glieder. In der Ziffernreihe hatten wir n Glieder, d. h. mit ein- und zweistelligen Komplexionen haben wir insgesamt $n^2 + n$ Glieder. Analog bei dreistelligen Komplexionen einschließlich haben wir $n^3 + n^2 + n$ Glieder usw.

Durch diese Konstruktion ist dem Grundsatz der Sparsamkeit aufs beste Rechnung getragen. Die Forderung nach Übersichtlichkeit zwingt aber zu einer Änderung, die ein wenig auf Kosten der Sparsamkeit geht. Nach Wahl einer Grundzahl n wird man erwarten, daß die Potenzen von n die Gliederung des Zahlensystems liefern. Das heißt, daß die Sprünge von einstelligen zu zweistelligen, von zweistelligen zu dreistelligen usw. bei den Zahlen n, n^2, n^3 usw. liegen sollen und nicht wie bisher bei n, $n^2 + n$, $n^3 + n^2 + n$ usw.

Um das zu erreichen, müssen wir offensichtlich gewisse Komplexionen ausschließen. Der beste Weg dazu ist die Einführung der Zahl Null[1] und die Zuordnung der n Zeichen zu den Zahlen 0, 1, 2, $\ldots$ $(n-1)$ (wir nennen die Elemente nun dementsprechend $a_0, a_1, a_2, \ldots a_{n-1}$). Es fallen dabei die Komplexionen aus, die mit dem Elemente Null beginnen.

(Im eigentlichen Sinne ausgeschlossen werden diese Komplexionen nicht, sondern sie werden gleich den Komplexionen, die um soviel Stellen kleiner sind, als Nullen vor der ersten Ziffer stehen, $00 \, a_k \, a_l \, a_i = a_k \, a_l \, a_i$ usw.)

Hierdurch fallen n zweistellige, n^2 dreistellige Komplexionen usw. fort, und die Zahl n entspricht den Komplexionen $a_1 a_0$, n^2 der Komplexion $a_1 a_0 a_0$ usw. Die Suche nach dem einfachsten und sparsamsten System hat uns zu einem System der Kombinationen geführt, worin die Ziffer in erster Stelle von rechts den Stellenwert n^0, in zweiter Stelle n, in dritter n^2 und in k-ter Stelle n^{k-1} besitzt, d. h. die Ziffern in einer Stelle haben als Wert das Produkt aus Stellenwert und Ziffernwert. Die Überlegungen von Abschn. 311 vereinfachen sich jetzt wie folgt:

Die Gesamtzahl der höchstens r-stelligen Zahlen reduziert sich auf

$$S'_{n,r} = S_{n,r} - (n + n^2 + \cdots + n^{r-1}) = n^r \,.$$

Die Grenzfälle sehen dann so aus:

$$\text{bei} \quad n = 2; \quad N \leq 2^r; \quad r = \left\{ \frac{\log N}{\log 2} \right\}$$

$$\text{und bei} \quad r = 2; \quad N \leq n^2; \quad n = \left\{ \sqrt{N} \right\} .$$

---

[1] Selbstverständlich gibt es für die Einführung der Zahl „Null“ noch weitere schwerwiegende Gründe: Notwendigkeit eines Zeichens für „nichts“, Erleichterung der Rechenarbeit bei Multiplikationen und Additionen usw.

313 Umrechnung in andere Zahlensysteme.

Es sei kurz angegeben, wie man eine z. B. im Zehnersystem gegebene natürliche Zahl z in ein System mit der beliebigen Grundzahl n umrechnet. Man dividiert z durch n, und es sei q_1 der (ganzzahlige) Quotient, r_1 der Rest $(0 \leq r_1 < n)$. Ist dann $q_1 \geqq n$, so dividiert man abermals, so daß man den ganzzahligen Quotienten q_2 und den Rest r_2 erhält. In dieser Weise fährt man solange fort, bis man zu einem Quotienten $q_i < n$ gelangt. Dann lautet die Darstellung der Zahl z im System mit der Grundzahl n:

$$z = q_i\, r_i\, r_{i-1} \ldots r_2\, r_1.$$

Das Verfahren zeigt, daß die in den einzelnen Stellen stehenden Ziffern durch z und n **eindeutig** bestimmt sind.

Beispiel: $\qquad\qquad z = 79, \; n = 2.$

	q	r
$79 : 2 =$	39	1
$39 : 2 =$	19	1
$19 : 2 =$	9	1
$9 : 2 =$	4	1
$4 : 2 =$	2	0
$2 : 2 =$	1	0
79	$\triangleq$	1 001 111

32 Wahl der Grundzahl.

Nachdem wir gefunden haben, daß die Ziffernkombinationen mit Stellenwert in Potenzen der Ziffernanzahl (Grundzahl) die beste ist, müssen wir uns fragen: Welche Grundzahl ist die beste für das Zahlengebiet, das wir beherrschen wollen?

Die Menschheit ist im Laufe der Zeit zum Zehnersystem gekommen. Manche Wissenschaftler, wie z. B. der englische Philosoph Herbert SPENCER, waren der Meinung, daß das Zwölfersystem wegen der besseren Dividierbarkeit der Zahl 12 besser sei als das Zehnersystem. Überraschend weit hat sich dieser Gedanke, besonders bei Mathematikern, verbreitet. W. OSTWALD hebt in seiner Dissertation ein anderes Moment hervor, nämlich die anschauliche Handhabung der Grundzahl und ihrer Teile, die für das Zehnersystem spreche, und er bezweifelt die Wichtigkeit der Dividierbarkeitsvorteile.

Für die Auslese des besten Zahlensystems im Sinne einer rationellen Norm sind aber mehrere Gesichtspunkte wichtig. Nun wenden wir den Grundsatz von Abschn. 14 an. Das beste Zahlensystem kann man nur durch die Auslese aller möglichen Grundzahlen n und durch die kritische

Bewertung aller wichtigen Eigenschaften der in Frage kommenden Zahlensysteme finden.

321 Sparsamkeit in Ausdrucksmitteln.

Wie schon früher erwähnt wurde, verringert die Zunahme der Grundzahl die Anzahl der Stellen und umgekehrt. Die größte Stellenanzahl gibt uns die kleinste Grundzahl 2 mit nur 2 Ziffern: 0 und 1. Beim Übertragen und Wahrnehmen einer im Zahlensystem ausgedrückten Menge brauchen wir Begriffe und Benennungen für alle Ziffern und für alle gebrauchten Stellen. Beim Schreiben oder Lesen einer Zahl verbraucht die längere Zahl mehr Zeit. Andererseits verlangt das Erlernen mehrerer Zahlenzeichen und die Geschicklichkeit in der Handhabung größerer Zahlenreihen mehr Zeit und Energie.

Man kann dasjenige System als das sparsamste bezeichnen, welches am wenigsten Ausdrucksmittel verlangt unter der Annahme, daß wir die Stellen und Ziffern als gleichwertig betrachten.

Wenn wir nach Obigem annehmen, daß $n^k > N > n^{k-1}$ oder $N \approx n^k$, dann ist das sparsamste System dasjenige, welches die kleinste Summe $k + n = m$ aufweist.

$$m = k + n = k + \sqrt[k]{N} = k + N^{\frac{1}{k}}.$$

Das Minimum von m bekommt man durch die Ableitung[1]:

$$\frac{d\,m}{d\,k} = 1 - \frac{N^{\frac{1}{k}} \ln N}{k^2} = 0 \text{ oder}$$

$$N^{\frac{1}{k}} \ln N = k^2.$$

Diese Gleichung ist schwer zu lösen. k ist hier von N abhängig. Versuchen wir sie für die Stellenanzahl $k = 10$ zu lösen, dann ist

$$N^{\frac{1}{10}} \ln N = k^2 \text{ oder } N^{\frac{1}{10}} \cdot \lg N \cdot 2{,}3 = 100$$

Bei einer rationell zu bewältigenden Zahlenmenge $N = 10^7$ würde

$$(10^7)^{\frac{1}{10}} \cdot 7 \cdot 2{,}3 \lessgtr 100,$$

$$\text{hieraus} \quad 80{,}5 < 100.$$

Bei $N = 10^8$ würde

$$10^{0{,}8} \cdot 8 \cdot 2{,}3 \lessgtr 100$$

$$115 > 100.$$

---

[1] Wegen der Einfachheit der Darstellung nehmen wir hier einen Verstoß gegen die Reinheit der Methode in Kauf, indem wir analytische Hilfsmittel heranziehen, obwohl k und n in unserer Betrachtung nur natürliche Zahlen sind.

Das Ergebnis ist also, daß ein zehnstelliger Ausdruck bei Zahlen um 10^7, 10^8 zweckmäßig ist. Daraus finden wir die Anzahl n der nötigen Ziffern aus

$$n^{10} = 10^7, \quad \text{woraus} \quad n = \sqrt[10]{10^7} \approx 5$$

und $\qquad\qquad n^{10} = 10^8, \quad \text{woraus} \quad n = \sqrt[10]{10^8} \approx 6{,}3$

d. h. daß für Zahlen 10^8 bis 10^7 das Sechsersystem das sparsamste ist. Die als Maßstab gewählte Summe von Stellenanzahl und Ziffernanzahl ist

$$m = 10 + 6 = 16.$$

Beim Zehnersystem wäre m größer, also ungünstiger, nämlich

bei der Zahlenmenge 10^7 : $m = 7$ Stellen $+ 10$ Ziffern $= 17$,
bei der Zahlenmenge 10^8 : $m = 8$ Stellen $+ 10$ Ziffern $= 18$.

Erst bei $N = 10^{20}$ kommt man mit dieser Berechnungsart auf $n \approx 10$ Ziffern (Zehnersystem). Solche Größen kommen jedoch praktisch nicht vor, und wenn sie vorkommen, dann fast niemals mit einer Genauigkeit bis zu den kleinsten Stellen. Das bedeutet, daß das sparsamste Zahlensystem eine Grundzahl haben müßte, die kleiner als 10 ist. Das Zwölfersystem gibt in dieser Hinsicht nur Nachteile, zwei neue Ziffern. Andererseits vergrößern die kleineren Grundzahlen die Stellenanzahl beträchtlich. Zum Beispiel 10^6 bis 10^7 im Zweiersystem hätte 20 Stellen, im Vierersystem 10, im Sechsersystem 8 usw.

Die ungeraden Zahlen werden als Grundzahlen ausgeschlossen, weil die Dividierbarkeit der Grundzahl durch zwei sehr wichtig ist und weil in ungeraden Zahlensystemen viel umständlicher zu erkennen ist, ob eine Zahl gerade oder ungerade ist. Die geraden Zahlen nämlich hätten gerade Ziffernsummen.

322 Wortbedarf bei kleineren Zahlen.

In kleineren Zahlen treten bei kleinerer Grundzahl die zwei- und dreistelligen Zahlen viel früher in Erscheinung. Zum Beispiel wären im Sechsersystem die Zahlen von 6 bis 35 zweistellig, von 36 bis 215 dreistellig und von 216 bis 1295 vierstellig; im Achtersystem wären die Zahlen von 8 bis 63 zweistellig, von 64 bis 511 dreistellig und von 512 bis 4095 vierstellig, dagegen im Zwölfersystem bis 143 zweistellig, bis 1727 dreistellig. Gerade die kleineren Zahlen bis etwa 100 treten am häufigsten in Erscheinung, und die größere Anzahl von Zahlenstellen würde, besonders in Worten, die Handhabung dieser Zahlen erschweren. Der Wortbedarf wächst schneller als proportional zur Stellenzahl, weil die Stellen, von der dritten Stelle angefangen, eine besondere Benennung zum Ziffernwort haben müssen. (Die zweite Stelle hat stattdessen eine besondere Endung zum Ziffernwort.) Im Sechsersystem wäre das zu umständlich,

z. B. würden wir statt „zweiundneunzig“ etwa „zweihundertzweiunddreißig“ haben. In dieser Hinsicht ist das Achter- etwas schlechter und das Zwölfer- besser als das Zehnersystem.

323 Umfang der Rechentafel.

Alle arithmetischen Handhabungen sind auf auswendig erlernter Handhabung der Kombinationen aller Ziffern aus je zwei als Summe und als Produkt gebaut. Daß $2+2=4$ ist, ist nicht selbstverständlich, sondern festgestellt und erlernt. Im Dreiersystem wäre $2+2$ so ähnlich wie „11“. Bei der Zunahme der Ziffernanzahl wird das Zahlensystem umständlicher nicht nur durch die Zunahme der Ziffernbegriffe und Ziffernzeichen, sondern besonders durch die bedeutende Vergrößerung der Kombinationen der Summe und des Produktes der Ziffern. Die sichere Beherrschung dieser Ziffernkombinationen verlangt viel Aufmerksamkeit und Übung. Wir wollen daher prüfen, wieviel in den nun zur engeren Wahl stehenden Systemen auswendig gelernt werden muß:

Im Zehnersystem: Für das Zusammenzählen alle Summen $2+3$, $2+4$ bis $8+9$, das sind Kombinationen aus 8 Ziffern je zwei (die Zahl 0 entfällt hierfür, 1 ist hier ausgeschlossen, weil die Summen von 1 von jedem beherrscht werden, der die Ziffernfolge kennt).

$C^2_{10-2}=28$; dazu 8 Summen derselben Ziffern (z. B. $2+2$) insgesamt $28+8=36$.

Dieselbe Anzahl kommt bei dem Vervielfachen der Ziffern vor, weil auch hier 1 als Faktor ausscheidet.

Im Zwölfersystem:

$C^2_{12-2}=45$; dazu 10 Produkte oder Summen derselben Ziffern, insgesamt $45+10=55$ Kombinationen.

Das Zwölfersystem gibt uns ungefähr 50% zusätzliche Arbeit, sogar noch mehr, denn der Zeit- und Aufmerksamkeitsaufwand wächst schneller als proportional zum Wachstum der Aufgabe.

Im Achtersystem:

$C^2_{8-2}+7-1=21$ oder 40% weniger als beim Zehnersystem.

Zahlensysteme mit noch größeren Grundzahlen, wie z. B. 16 mit 105 Kombinationen, wären allein deswegen unmöglich.

Diese drei Gesichtspunkte haben die Möglichkeit der Auswahl eines Zahlensystems so eingeschränkt, daß nur das Achter-, Zehner- und Zwölfersystem in Betracht kommt.

324 Dividierbarkeit der Grundzahlen der Systeme.

Die Grundzahl 10 hat die Teiler 2 und 5, die Grundzahl 12 – 2, 3, 4 und 6 und die Grundzahl 8 – 2 und 4. Hier liegen die großen Vorteile des Zwölfersystems. Die sogenannten runden Zahlen, welche aus der Grundzahl und ihren Potenzen bestehen oder durch Vervielfachung und Teilung dieser durch einfachste Zahlen entstanden sind, haben alle im Zwölfersystem mehr Teiler als im Zehnersystem. Darum ist die Benutzung der in Zahlen ausgedrückten Maße und der Größen, welche frei von unserem Willen bestimmt sein können, bequemer. Wegen größerer Dividierbarkeit sind viel mehr Möglichkeiten vorhanden, ganze Zahlen ohne Brüche zu bilden. Aber man darf nicht vergessen, daß bei 12 die Dividierbarkeit nur durch 2 Grundteiler besteht, 2 und 3.

Im Zehnersystem gibt die Teilung der runden Zahlen durch 4 in Dezimalbrüche oft den bequemen Bruch 0,5; die Teilung durch 3 und Faktoren von 3, 6 und 9 gibt immer einfache einstellige Perioden. Im Zwölfersystem gibt die Teilung durch 5 eine vierstellige Periode (2457).

Im Achtersystem ist nur ein Grundteiler 2 vorhanden.

Das Bedürfnis nach einer teilbaren Mengeneinheit ist so groß, daß wir trotz unseres Zehnersystems 12 als Mengeneinheit in Geschirren, Bestecken, Wäsche usw. benutzen. Aus diesem Grunde wird auch die Zahl 60 (= 1 Schock) öfter benutzt. Diese Abweichung vom Zehnersystem tritt aber nur bei Mengen auf, die nicht in großen Zahlen erscheinen. Bei größeren Mengen und Zahlen verliert die Eigenschaft der Dividierbarkeit an Bedeutung, weil die praktische Genauigkeit Brüche ausschaltet.

325 Merkmale der Teilbarkeit.

Im Zehnersystem ausgedrückte Zahlen haben Merkmale, welche uns schnell bestimmen lassen, ob die Zahl durch 2, 3, 4, 5, 6, 8, 9, 10 teilbar ist. Im Zwölfersystem haben wir Merkmale für 2, 3, 4, 6, 8, 9, 11, 12.

Wenn z. B. die letzte Ziffer durch 2, 3, 4 teilbar ist, ist auch die ganze Zahl durch diese Zahlen teilbar; alle Zahlen, die auf 0 oder 6 enden, sind durch 6 teilbar; wenn die zwei letzten Ziffern durch 8 oder 9 teilbar oder zwei Nullen sind, ist auch die ganze Zahl dadurch teilbar. Wenn die Summe der Ziffern durch 11 teilbar ist, ist auch die Zahl durch 11 dividierbar.

Beide Systeme haben viele Merkmale der Teilbarkeit. Im Zwölfersystem ist sie durch 3, 4, 6, 9 sogar leichter zu bestimmen. Aber es fehlt das Teilbarkeitsmerkmal für 5, was in keinem Falle durch 11 ersetzt werden kann, weil die Merkmale für die kleineren Teiler wichtiger sind. Bis zu einem gleichen Wert, z. B. 10, hat das Zehnersystem von allen 9 Teilern bis 10 einschließlich Merkmale für 8 Teiler, das Zwölfersystem dagegen nur für 6. Hier ist das Zehnersystem überlegen. Das Achtersystem hat nur 4 Teilbarkeitsmerkmale: 2, 4, 7, 8.

326 Grundzahl und Summe von Kombinationen.

Es ist öfters notwendig, alle Zahlen von 1 bis zur Grundzahl des Zahlensystems mit allen möglichen Kombinationen bestimmter Elemente darzustellen. Zum Beispiel kann man mit den drei Elementen 1, 2, 4 folgende 7 Kombinationen bilden: 1   2   2 + 1   4   4 + 1   4 + 2   4 + 2 + 1.

Darum braucht man für das Zehnersystem 4 Elemente, die uns $15 = (2^4 - 1)$ Kombinationen geben, d. h. daß 6 Kombinationen oder 40% nicht ausgenutzt werden. In dieser Hinsicht ist das Zwölfersystem besser, und das Achtersystem (wie alle Zweien-Systeme) nutzt alle Kombinationen vollwertig aus (s. a. Abschn. 42 u. 43).

Das Zehnersystem ist für solche Aufgaben sehr ungünstig. Die moderne Technik verlangt aber ihre rationelle Lösung, z. B. bei den Lochkarten mit Mehrfachlochung (Abschn. 55) und in der Elektronenröhren-Rechenmaschine (International Business Maschines Corporation benutzt 4 Röhren. Die erste Röhre bedeutet 1, die zweite 2, die dritte 4, und die vierte 8).

327 Anschaulichkeit der Grundzahl.

W. Ostwald und W. Porstmann behandeln das Moment der Übersichtlichkeit, d. h. die Möglichkeit, eine Menge ohne systematisches Zählen zu erfassen. Eine Gruppe von 2, 3, 4 Gegenständen können wir unmittelbar anschaulich erfassen, sogar noch von 5, aber nicht mehr von 6.

Ostwald sagt: Die Tatsache, daß schon die 10 eine etwas zu große Zahl für die einfache Handhabung ist, geht beispielsweise aus dem Umstand hervor, daß wir auf Maßstäben die Unterteilung des Zentimeters in 10 Millimeter nicht durch 10 gleichlange Schritte kennzeichnen, sondern den fünften Strich etwas über die anderen hervorragen lassen, um die Ablesung zu erleichtern. Die Fünfergruppe dagegen haben wir so klar in unserem Bewußtsein, daß wir auf den ersten Blick etwa die Stellung eines beweglichen Zeigers zu jedem der fünf Striche einer solchen Gruppe aufzunehmen und abzulesen wissen. Bei einer Zwölferteilung dagegen, wie sie beispielsweise bei der Teilung des Zolles in Linien vorliegt, begnügen wir uns nicht mit der Kennzeichnung des 6. Schrittes, sondern wir machen vier Gruppen von je drei Linien.

In dieser Hinsicht ist das Zehnersystem anschaulicher als das Zwölfersystem. Hier muß noch die Beziehung des Zehnersystems zu den fünf Fingern der menschlichen Hand betont werden. Ohne Zweifel hat diese Tatsache die Entstehung des Zehnersystems gefördert. Zur Zeit zählen wir selten mit Hilfe der Finger, und darum kann diese Tatsache nicht gerade schwer ins Gewicht fallen, aber bei gleichwertigen anderen Eigenschaften ist dies ein Vorteil des Zehnersystems, z. B. beim Erlernen des Zählens oder beim lautlosen Zählen durch Strecken und Beugen der Finger oder beim Übermitteln von Zahlen durch Zeichen.

Beim Kopfrechnen können die Finger behilflich sein, z. B. die Finger der freien Hand bedeuten die Ziffern 1—5, die in der Tasche die Ziffern von 6—10. Hier muß man noch die bekannte Fingerregel der Rechentafel erwähnen.

Durch die fünf Finger stehen wir psychologisch der Zahl 5 am nächsten; diese aber ist die Hälfte von 10.

328 Allgemeine Schlüsse.

So haben wir nach der in Abschn. 14 gegebenen Methode die Norm „Zahlensystem" kritisch durchgearbeitet. Das Ergebnis ist folgendes:

Das *Achtersystem* hat außer einer kleinen Rechentafel nur Nachteile.

Das *Zwölfersystem* hat nur einen größeren Vorteil, nämlich die Teilbarkeit der Grundzahl, und einen kleineren, die Sparsamkeit der Zahlenstellen bei kleineren Zahlen. Wie schon erwähnt wurde, kann man dort, wo ganze Zahlen besonders notwendig sind, in Paaren, Dutzenden und Schock rechnen, und diese selbst können dezimal gerechnet werden. Die Bedeutung der Teilbarkeit der Grundzahl ist nicht so groß, wie angenommen wurde. Die Nachteile des Zwölfersystems, nämlich Umständlichkeit im Rechnen, zusätzliche zwei Ziffern (was auch bei der Rechenmaschine nachteilig wäre) und die Vorteile des *Zehnersystems*, nämlich Dividierbarkeitsmerkmale, Anschluß an das Fünffingersystem, würde die Einführung des Zwölfersystems so bedenklich machen, daß sogar, wenn die Menschheit bis jetzt kein Zahlensystem gehabt hätte, man sich *normentechnisch nach Abwägung aller Gesichtspunkte wahrscheinlich für das Zehner- und nicht für das Zwölfersystem entscheiden würde.*

33 Systematisierung des Zahlensystems.

Die Beherrschung der Menge und des Zählens ist eine wichtige Voraussetzung für das menschliche Schaffen. Darum ist auch die gewisse Art, die Ziffernkombinationen zu ordnen, die wir als Zahlensystem bezeichnen, die *allgemeinste Grundnorm*, zumal sie beim größten Teil der Menschheit gilt. Wir haben mit mathematisch-wirtschaftlichen Überlegungen aus der Fülle der Möglichkeiten das Zehnersystem ausgesondert. Nun muß das System selbst so systematisiert werden, daß man es mit möglichst kleinem Aufwand an Zeit und Raum und kleinster Inanspruchnahme der Aufmerksamkeit handhaben kann. Die Ziffern haben ein Zeichen für das Auge und ein zugeordnetes Wort. Für die Ziffernstellen, ein anderes Element des Zahlenwesens, müssen auch Begriffe gefunden werden. Beim Schreiben einer Zahl brauchen wir zwar keine Kennzeichnung der Stelle, aber bei der wörtlichen Wiedergabe einer Zahl kann man sie nicht entbehren. Sonst müßte man beim Hören der Zahl peinlich genau alle Ziffernstellen merken, und wenn man die ersten Ziffern gehört hat, so hätte man noch längst kein Bild von der Größe der Zahl, weil vielleicht noch folgende Ziffern die Zahl hunderttausendmal vergrößern. Bei langen Zahlen entsteht so ein Überfluß an Benennungen, weil jede Stelle ein besonderes Wort haben muß. Die große Anzahl der Stellen muß auch irgendwie geordnet werden, um Worte zu sparen, die begriffliche Erfaßbarkeit zu erleichtern und die Übersicht bei einer langen Zahl zu verbessern. Die Zahlen lesen wir von links nach rechts, aber die Stellenwerte bestimmen wir von rechts nach links, darum ist die Erfassung einer längeren Zahl ein Doppelvorgang. Die Anzahl der Stellenworte können wir verringern, indem wir eine gewisse Anzahl von Stellen in Gruppen zusammenfassen und ihnen eine bestimmte Benennung geben. Innerhalb einer Gruppe bekommen alle Stellen Benennungen, die für alle Gruppen gleich bleiben. Wenn wir die Gruppe zu je m Stellen bestimmen, dann wäre die Zahl der Gruppen in einer S-stelligen Zahl $\left\{\dfrac{S}{m}\right\}$ (s. STN 23, Schr. 10).

Zum Aussprechen S-stelliger Zahlen braucht man dann

$$B = \left\{\dfrac{S}{m}\right\} - 1 + m - 1$$

voneinander verschiedene Benennungen der Gruppen und Stellen, wobei wir annehmen, daß die erste Gruppe von rechts keine Benennung habe und in jeder Gruppe das kleinste Glied ebenfalls ohne Benennung sei. Hieraus läßt sich für B durch Differenzieren ein Minimum finden:

$$\frac{dB}{dm} = -\frac{S}{m^2} + 1 = 0$$

$$m = \sqrt{S}.$$

Für die in der Praxis vorkommenden Zahlen ergeben sich demnach folgende Werte für m:

       Stellenanzahl der größten Zahl $S = 6 \qquad 9 \qquad 12$
       Stellenanzahl einer Gruppe $\quad m = 2{,}5 \quad 3 \quad 3{,}5$.

Dies weist darauf hin, daß die optimale Gruppe für öfter vorkommende Zahlen 3 ist.

Bei einer neunstelligen Zahl ohne Gruppen hätten wir 9 Ziffernwörter $+$ 8 Stellenwörter $= 17$ Wortelemente.

Bei Anwendung von Gruppen würden sich ebenfalls 17 Worte ergeben, nämlich 2 Gruppenwörter $+$ 3 mal 2 Stellenwörter $+$ 9 Ziffernwörter $= 17$ Wortelemente.

Die Vereinfachung bei der Gruppenbildung ist hier psychologischer Art und liegt in der größeren Übersichtlichkeit. Für die optische Erfaßbarkeit könnten nur Gruppen bis zu je 5 Gliedern in Frage kommen. Am leichtesten erfaßbar sind die Zweier- und Dreier-Gruppen. In ihnen ist jede Zahl unmittelbar erkennbar.

Nehmen wir Zweier-Gruppen, z. B. 12, so steht die erste Ziffer links, die zweite rechts, in einer Dreier-Gruppe, z. B. 123, steht dann die erste Ziffer links, die dritte rechts, die zweite in der Mitte. Bei einer Vierer-Gruppe hätte man schon zwei „mittlere" Ziffern, die nur durch Vergleich mit den nebenstehenden Ziffern richtig erfaßt werden können. Am vorteilhaftesten ist im Hinblick auf größte Sparsamkeit die Dreier-Gruppe.

So sind folgende Gruppen entstanden: 1. Gruppe von links nach rechts ohne Benennung, 2. Gruppe Tausender, 3. Gruppe Millionen usw.

Die Benennung in einer Gruppe:

erste Stelle   — ohne Benennung (Ziffer),
zweite Stelle — Zehnergruppe (in der deutschen Sprache die Endsilbe „zig"),
dritte Stelle — Hundertergruppe.

Die Dreier-Gruppe bei den Zahlen (*Dreistellenregel* Schr. 6, 10) findet auch eine vorzügliche Anwendung bei den Maßeinheiten. Wir haben beim dezimalen Metersystem abgeleitete Maßeinheiten, welche im Verhältnis 1 : 1000 stehen und somit der Dreistellenregel der Zahlen angeschlossen sind.

Die Dreistellenregel ist für die Maße besonders geeignet, weil die übliche Meßgenauigkeit in ihrer Größenordnung ungefähr $^1/_{1000}$ des Gemessenen ist. Darum besteht eine große Wahrscheinlichkeit, daß die Maße in ganzen Zahlen ausgedrückt werden. Außerdem arbeitet man praktisch mit einem Maßbereich über zwei Gruppen. Bei zweistelligen Gruppen und einer normalen Meßgenauigkeit könnten beinahe niemals ganze Zahlen vorkommen.

Die theoretisch nachweisbare Vollkommenheit des Zahlensystems veranlaßte besonders PORSTMANN (Schr. 6), die Gebiete des Zählens zu betrachten, in denen die Dreistellenregel nicht angewandt wurde (einige Maße, Geldwesen), und die Behandlung der Gebiete, in denen noch kein Zehnersystem eingeführt ist (Zeitwesen) (Schr. 6). So muß uns die Tatsache, daß die Menschheit durch unbewußte Entwicklung zur vollkommensten Zahlensystematisierung gekommen ist, zur vorsichtigen Nachprüfung aller Umstände, die eine Abweichung von der allgemeinen Norm mit sich gebracht haben, veranlassen. Die Ursache könnte ein einfacher Fehler sein, besonders dort, wo einzelne Personen an der Entstehung der Norm mitgewirkt haben, öfter aber sind noch nicht erwähnte wichtige Umstände die eigentlichen Urheber.

Über die millesimale Einteilung im Geldwesen sagt PORSTMANN (Schr. 5): „Offenbar braucht die kleinste Münzeinheit nicht gerade eine millesimale zu sein, was allerdings die beste Lösung in systematischer Hinsicht wäre" und „Merkwürdigerweise ist dieser Umstand, den hundertsten Teil der Münznorm als kleinste Einheit anzuwenden, auch in das internationale Münzsystem übergegangen, obwohl manche Münznormen ohne weiteres in tausend Teile geteilt werden könnten (Dollar)". Die Hundertteilung im Münzsystem ist durch die Tatsache bedingt, daß 95% der täglichen Geschäfte des durchschnittlichen Menschen nicht größer sind als 10 000 der kleinsten Geldeinheit, die außerdem fast ausschließlich im Kopfrechnen durchgeführt werden. Die sparsamste Gruppierung der vierstelligen Zahlen geschieht in Zweier-Gruppen, und das Kopfrechnen bei einer Tausendteilung wäre viel umständlicher als bei

Hundertteilung, weil bei dieser alle Rechenvorgänge die 100-Grenze nicht überschreiten.

Die Schneider arbeiten nicht mit Meter und Millimeter, sondern mit Meter und Zentimeter, weil ihre Arbeitsgenauigkeit nur bis zum Zentimeter geht und die höchste Grenze 3—4 Meter sind. Bei der Zeitteilung hat man auf die Einheiten 60, 24 und 12 zurückgegriffen, weil hier ein besonderes Bedürfnis nach Teilbarkeit bestand. Die Wichtigkeit der Teilbarkeit nimmt mit der Größe der Zahl ab. Der wichtigste Teiler ist 2, dann 3, dann 4 usw. Daraus entsteht die natürliche Reihe der teilbaren Einheiten:

$$2 \cdot 3 = 6, \quad 2 \cdot 3 \cdot 4 = 2^3 \cdot 3 = 24, \quad 2 \cdot 3 \cdot 4 \cdot 5 = 2^3 \cdot 3 \cdot 5 = 120,$$
$$2 \cdot 3 \cdot 4 \cdot 5 \cdot 6 = 2^4 \cdot 3^2 \cdot 5 = 720.$$

Fast alle diese Einheiten erscheinen in der Zeiteinteilung.

34 Die Normungsaufgabe „Nummern“.

Eine Nummer ist eine Zahl, die nicht zur Angabe einer Menge dient, sondern zur Ordnung. Man ordnet numerierte Dinge in der Reihenfolge, in der ihre Nummern als Zahlen der Größe nach aufeinander folgen (KIENZLE, Schr. 10). Die Numerierung spielt eine besonders große Rolle, z. B. in der Fertigung (Bestellzeichen, Kassenzeichen, Werkzeugnummer usw.) und Organisation (Kennzeichnung der Erzeugnisse: Gegenstände, Nummern, Teilnummer, Patente, Kraftwagen, Fernsprecher usw.).

Das größte Unterscheidungsmerkmal der Nummer von der Zahl hinsichtlich der Zwecke ist, daß mit der Nummer keine mathematischen Handhabungen vorgenommen werden. Das zweite ist, daß man zur Ausnutzung des Ziffernvorrats mit Null anfangen kann und dies auch tun sollte. Die Nummern versinnbildlichen die Ordnung und müssen darum selbst besonders geordnet und systematisiert sein. Mit zunehmender Massenfertigung und mit Zunahme der Telephonapparate, Fahrzeuge usw., d. h. Gegenstände, die genau numeriert sein müssen, treten Unzulänglichkeiten des Zehnersystems, als Nummer angewendet, auf. Die Fahrzeuge haben in technisch entwickelten Ländern Nummern bis zu 9 Stellen, weil die Zahl der Fahrzeuge 50 Millionen übersteigt.

Das Zehnersystem ist wegen der einfachen arithmetischen Handhabung der Ziffer entstanden. Selbstverständlich wäre für die Nummer ein System mit größerer Ziffernreihe entstanden, weil hier nur Ziffern und ihre Folge erlernt sein müssen. Andererseits wäre es umständlich, für das Nummernwesen ein neues Zeichensystem zu entwickeln und dessen Zeichen zu erlernen.

Um ein besseres Nummernsystem für eine größere Anzahl der Gegenstände aufzustellen, in dem die Nummern schnell erfaßbar sein müssen (Kraftfahrzeuge), können die *Buchstaben einbezogen* werden.

Wir haben 26 große und 26 kleine Buchstaben des Abece. Ohne den Buchstaben O, welcher mit der Zahl 0 verwechselt werden kann, bleiben 2mal 25 Buchstaben.

Aus 50 Buchstaben, 9 Ziffern und der Null kann ein Sechzigersystem gebaut werden.

$$0\ 1\ 2\ 3\ 4\ 5\ 6\ 7\ 8\ 9\ 10\ 11\ 12\ 13\ 14\ 15\ \ldots\ 58\ 59$$
$$0\ 1\ 2\ 3\ 4\ 5\ 6\ 7\ 8\ 9\ a\ A\ b\ B\ c\ C\ \ldots\ z\ Z$$

Die Reihe des Alphabets ist allen Menschen bekannt. In dieser Reihe sind nur zwei Dinge zu merken: 1. Zuerst kommt die natürliche Zahlenreihe, 2. dann die Buchstaben in alphabetischer Folge, immer nach dem kleinen Buchstaben der große.

Nach Durchlesen dieser Anleitung ist schon jeder imstande, die neue Reihe zu beherrschen.

Mit einer solchen Nummernreihe kann man mit zwei Stellen von 1—zZ 3599 Gegenstände bezeichnen:

mit drei Stellen   bis zu 215 999 einschließlich,
mit vier Stellen   bis zu 12 959 999 einschließlich.
Zum Beispiel: 163 856 wäre Sky,   1 894 568 wäre 8td8.

Durch Multiplizieren des Zahlenwertes jedes Buchstabens mit dem Stellenwert (erste Stelle hat Stellenwert 1, zweite 60, dritte 3600, vierte 216 000 usw.) und Summierung dieser Produkte kann man schnell den Zahlenwert des Gegenstandes im Zehnersystem ermitteln (umgekehrte Rechnung nach Abschn. 313).

Prof. KIENZLE hebt hervor, daß die gleichzeitige Benutzung großer und kleiner Buchstaben Verwirrung stiftet und den Wortbedarf vergrößert, weil zu jedem Buchstaben das Eigenschaftswort „klein" oder „groß" hinzugefügt sein muß. Er schlägt vor, besser die Nachteile einer kleineren Grundzahl in Kauf zu nehmen, aber dafür ein klareres System zu haben, das aus großen Buchstaben und Zahlen gebildet ist.

In diesem Falle wäre die Grundzahl des Systems 35. (10 Ziffern und 25 große Buchstaben.)

Mit zwei Stellen könnte man in diesem System

		1 224 Gegenstände bezeichnen
mit drei Stellen	42 874	„ „
mit vier Stellen	1 500 624	„ „
mit fünf Stellen	52 521 874	„ „

Die kleinere Grundzahl wirkt nicht besonders nachteilig, weil man mit 5 Stellen, d. h. nur mit einer Stelle mehr als vorher, eine viermal größere Zahl von Gegenständen bezeichnen kann wie im Sechzigersystem bei 4 Stellen.

Dieselben Beispiele wie im Sechzigersystem wären hier

163 856   3 TRL,   1 894 568   196 KI.

Der Vorteil des hier vorgeschlagenen Nummernsystems ist nicht nur eine kleinere Stellenzahl im Vergleich mit dem Zehnersystem, sondern auch die Tatsache, daß die Buchstaben sich leichter als Zahlen ins Gedächtnis einprägen. Das kommt besonders dann in Frage, wenn Vokale und Konsonanten in einer Nummer vorkommen und so einen wortähnlichen Klang annehmen. Das kommt daher, weil das menschliche Gedächtnis unvergleichlich mehr an Buchstaben als an Zahlen gewöhnt ist. Außerdem verlangt die wörtliche Wiedergabe einer Nummer durch Zahlwörter viel mehr Buchstaben als die Wiedergabe nur durch Buchstaben.

Auf manchen Gebieten sind einige von den hier gegebenen Vorschlägen angewendet worden.

Manche Großstädte z. B. mit 6- bis 7stelligen Fernsprechnummern ersetzen die ersten zwei Zahlen durch Buchstaben. Die Buchstaben sind dem Zehnersystem angepaßt worden.

Zum Beispiel das amerikanische Bell-CO-System hat folgende Schlüssel: 1-1, 2-ABC, 3-DEF, 4-GHI, 5-JKL, 6-MNO, 7-PRS, 8-TUV, 9-WXY, 0-Z.

Auf diese Weise können z. B. die ersten zwei Ziffern durch 9 verschiedene Buchstabenkombinationen ersetzt werden, z. B. 32-DA, DB, EA, EB, EC, FA, FB, FC.

Dieses System dient nicht zur Verkürzung der Nummern, sondern ist aus gedächtnistechnischen Gründen entstanden. Es ist bekannt, daß die zunehmende Länge der Zahl vielmehr unser Gedächtnis belastet und ebenso unsere Aufmerksamkeit. Durch die ersten zwei Buchstaben wird die Ziffernreihe kleiner und bisweilen dienen die Buchstaben als Anfangsbuchstaben eines geläufigen Wortes, was die Einprägung ziemlich erleichtert. Zum Beispiel wird in der Rufnummer 624586 die 62 zu MA, hieraus bildet man das Wort MAIN, also Main 4586.

Manche amerikanische Staaten haben an Stelle der Autonummer die Buchstaben eingeführt. Nur sind die Buchstaben und Ziffern noch nicht als Zahlensystem erfaßt. Meistens benutzt man die Buchstaben in einer oder zwei Stellen, die dann nur für große Buchstaben ohne Ziffern bestimmt sind. Bei zwei Stellen mit je 25 Buchstaben gewinnt man statt je 10 Ziffern das 6,25fache, und man erleichtert damit sowohl die Erfassung durch das Auge als auch, besonders am Fernsprecher, durch das Ohr. Auch für die Numerierung von Zeichnungen, Schecks u. a. ist die Verbindung zwischen Buchstaben und Ziffern sehr praktisch, so liefert ein System mit einem Nummernbild wie AZ 567 625000 Zeichnungsnummern, oder wie AKZ 1234 150 Millionen Schecknummern.

Trotz dieser Vorteile zeigt das praktische Leben auch eine entgegengesetzte Entwicklung, z. B. bei der Bezeichnung der Straßen durch Nummern, wie es in Amerika üblich ist. Ein solches System hat große

Nachteile. Die Verwechslung der Straßen kann viel eher entstehen, wenn eine Straße 79 und die andere 97 heißt, als wenn die eine „Gerade" und die andere „Krumme" Straße heißt. Außerdem besteht keine Möglichkeit, den Straßennamen zu entziffern, wenn eine der Zahlen unleserlich geschrieben ist. Ein undeutlicher Buchstabe kann meistens aus dem Zusammenhang erraten werden, weil alle Buchstaben eine logische Gruppe, ein Wort, bilden. Außerdem braucht ein dreistelliger Straßenname drei Worte, um ihn auszusprechen. Der Vorteil liegt nur darin, daß die mit Nummern benannten Straßen ein sehr klares Bild der Straßenverteilung in einer Stadt geben. Wenn man weiß, in welcher Richtung die Straßennummern zunehmen, kann man von einer Straßennummer sofort schätzen, wie weit die Straße vom Ausgangsort entfernt ist. Man vervollkommnet dieses Straßennummernsystem durch die Wahl des Stadtzentrums als Ausgangspunkt und durch die zusätzlichen Bezeichnungen Nord, West, Süd und Ost. Die Straßen, die die numerierten Straßen senkrecht durchkreuzen, haben ihre Häusernummer entsprechend der Straßennummer, zwischen der die Häuser sich befinden. Zum Beispiel Hausnummer 89—12 bedeutet, daß das Haus zwischen der 89. und 90. Straße liegt und daß es das 12. von der 89. Straße ist.

Diese Sachlage lehrt uns, wie sehr es sich lohnen würde, auf Grund der hier dargelegten kombinatorischen Möglichkeiten *Normen* für ein *System von Buchstaben — Ziffern — Nummern* auszuarbeiten, die ja nach der Aufgabe die Bedürfnisse nach Ziffernvorrat, Lese-, Sprech- und Hörbarkeit sowie Merkbarkeit befriedigen.

4 Additive Größen in der Normung.

In der Technik liegt häufig die Aufgabe vor, verschiedene Größen durch *Zusammenfügen gleichartiger Elemente* zu bilden, die sich nur durch ihre Größe, d. h. durch eine quantitative Eigenschaft, unterscheiden. Handelt es sich um rein abstrakte Größen, wie z. B. Zahlen, so heißt dieser spezielle Kombinationsvorgang „zusammenzählen" oder „addieren"; handelt es sich um Gegenstände, so spricht man von aneinanderreihen, zusammenbauen. Solche Elementgrößen heißen allgemein „additive Größen".

Hier besagt der *Normungsgedanke*, daß es darauf ankommt, mit einer kleinstmöglichen Anzahl von Einzelelementen, eine möglichst große Anzahl von Summengrößen zu erreichen. Damit gelangen wir zu einer Häufung der Elemente, die ihre Herstellung wirtschaftlich macht, so daß häufig der Zusammenbau aus einer Mehrzahl genormter Elemente billiger wird als die Herstellung aus einem Stück. Außerdem kommen als weitere rationelle Gesichtspunkte hinzu: bequeme Addition, geringe Summe aller nötigen Elemente, begrenzte Anzahl von Elementen der einzelnen Kombination.

Häufig werden die Summen aus den additiven Elementen nur vorübergehend gebildet; nach Gebrauch werden die Elemente auseinander genommen und stehen zur Bildung anderer Summen zur Verfügung. Bei solchen Vorgängen spart man Stoff und Arbeit. In anderen Fällen werden additive Größen in ihre Elemente zerlegt und stehen zur Bildung anderer Summen zur Verfügung. Bei solchen Vorgängen spart man Stoff und Arbeit. In anderen Fällen werden additive Größen als Elemente für ständige Summenkonstruktionen angewandt werden. Das kommt dann vor, wenn die Fertigung der Einzelelemente viel billiger ist, verschiedene Summengrößen verlangt werden und das Zusammensetzen der Elemente einfach ist (z. B. Heizkörper). In der Technik treten die additiven Größen öfter auf, z. B. Parallelendmaße, Abstandsringe, Zwischenstücke für Innenschraubenlehren, elektrische Widerstände, Gewichte usw. Außerdem sind diese Dinge Gegenstände der Normung. Daher ist es wichtig, die Grundlagen der additiven Größen zu untersuchen. Die mathematische Kombinationslehre untersucht sehr ausführlich die Kombinationen für eine bestimmte Summe. Bis jetzt sind die Kombinationen gegebener Elemente zu verschiedenen Summen, was gerade bei den additiven Größen in Betracht kommt, in den Kombinationshandbüchern sehr spärlich behandelt. Zu erwähnen sind Arbeiten von ROHRBACH, die dem hier angeschnittenen Gebiet der *Zahlentheorie* angehören.

41 Anschluß der additiven Größen an Zahlensysteme.

Eine besondere Forderung an additive Größen als Summanden ist es, aus einer bestimmten Anzahl von Elementen alle aufeinander folgenden Glieder einer arithmetischen Reihe als Summengrößen zu bilden.

Diese Aufgabe kann auf die Bildung einer natürlichen Zahlenreihe, d.h. einer arithmetischen Reihe mit $d = 1$, $a_1 = 0$, zurückgeführt werden.

Wenn eine ganzzahlige arithmetische Reihe[1]

$$a_1. \quad a_1 + d, \quad a_1 + 2d, \quad a_1 + 3d \quad \text{usw.}$$

gegeben ist, kann man durch Subtraktion des a_1 von jedem Gliede die Reihe bekommen:

$$0, \quad d, \quad 2d, \quad 3d \quad \text{usw.}$$

Teilt man diese Reihe durch d, so ergibt sich die natürliche Zahlenreihe. Umgekehrt ergeben die Glieder der natürlichen Zahlenreihe nach Multiplikation mit d und Addition von a_1 eine gewünschte arithmetische Reihe.

---

[1] Nach mathematischem Sprachgebrauch „arithmetische Folge“; die Unterscheidung zwischen Reihen und Folgen wird hier nicht streng durchgeführt, um den Anschluß an den Sprachgebrauch der Normungstechnik zu erhalten.

Damit weder in den Summengebilden eine Lücke entstehe, noch eine Summe auf mehr als eine Art bildbar sei, fordern wir, daß ein Element immer gleich der Summe aller vor ihm stehenden Elemente plus 1 sei. Dabei kann im allgemeinsten Falle jedes Element m-mal vorkommen, d. h. wir haben m gleiche Elemente jeder Größe.

Das erste additive Element sei $a_1 = 1$, das m-mal vorkommt; dann ist nach obiger Bedingung das zweite additive Element

$$a_2 = m \cdot a_1 + 1 = m + 1;$$

auch dieses kommt m-mal vor; so sind die folgenden Elemente

$$a_3 = ma_2 + ma_1 + 1 = m(m+1) + m + 1 = (m+1)^2,$$

$$a_4 = ma_3 + ma_2 + ma_1 + 1 = m(m+1)^2 + m(m+1) + m + 1 = (m+1)^3$$

und analog

$$a_n = (m+1)^{n-1}.$$

Das heißt, die Elemente sind Glieder einer geometrischen Reihe mit dem Stufensprung[1] $(m+1)$, und jedes Glied kommt m-mal vor. Das bedeutet, daß die additiven Größen an die Zahlenstellen eines Zahlensystems angeschlossen werden können. Zum Beispiel hätte ein additives Zehnersystem 9 gleich große Elemente in jeder Stelle. Die Zifferngrößen 2, 3, 4 usw. würden durch die 2-, 3-, 4malige Addition der Einheit als Element entstehen.

Ebenso hätte man bei Anschluß eines additiven Größensystems an ein beliebiges Zahlensystem mit der Grundzahl n für jede Zahlenstelle $n-1$ Elemente vorzusehen, die die Größen 1, n, n^2, ... usw. besitzen.

Die Gesetze der Sparsamkeit sind bei den additiven Systemen andere als bei den Zahlen. Bei den Zahlen sind die Ziffern gleich in jeder Stelle. Bei den additiven Größen unterscheiden sich die Elemente zweier verschiedener Stellen um den Faktor n^x, wenn x die „Entfernung" der Stellen bedeudet.

Es ist interessant, die additiven Größen in den verschiedenen Zahlensystemen zur Bildung des Bereiches 1—1000 zu betrachten; wir stellen gleichzeitig fest, auf welche Kennzahlen es dabei ankommt.

Beispiel. Dreiersystem. Die Reihe der Elemente lautet:

$$1 \quad 3 \quad 9 \quad 27 \quad 81 \quad 243 \quad 729.$$

Die Kennzahlen sind:

a) Die Anzahl, in der alle Größen außer 729 vorhanden sein müssen, ist: $(3-1) = 2$,
b) Anzahl der Elementegrößen $= 7$ (verschiedene Größen),
c) Gesamtanzahl der Elemente $= 2 \cdot 6 + 1 = 13$,
d) Summe der Elemente, zugleich höchste bildbare Summe $= 1457$.

Verschiedene Beispiele zur Bildung des Bereiches 1—1000 mit den Grundzahlen von 2 bis 10 sind in der Tab. 1 zusammengezogen.

---

[1] In der mathem. Literatur „Quotient".

Tabelle 1.

System Grundzahl	Anzahl der Elemente- größen	Gesamt- anzahl der Elemente	Höchst bildbare Summe	Überschuß[1]
2	10	10	1023	23
3	7	13	1457	457
4	5	15	1023	23
5	5	17	1249	249
6	4	20	1295	295
7	4	22	1214	214
8	4	22	1023	23
9	4	25	1457	457
10	3	27	999	—1

Im allgemeinen brauchen wir in einem System mit der Grundzahl n für eine k-stellige Größe

$$R = k(n-1)$$

Elemente oder Bausteine.

Jede beliebige Zahl können wir, wie schon erwähnt, zwischen zwei Grenzen stellen:

$$n^{k-1} \leqq N < n^k.$$

42 Dyadische (Verdopplungs-) Reihe.

Wie aus der gegebenen Tafel ersichtlich ist, gibt die Grundzahl 2 die kleinste Gesamtanzahl der Elemente. In diesem, dem dyadischen Zahlensystem (auch Zweier- oder Dualsystem) haben wir in jeder Zahlenstelle nur eine Größe (außer der Null). Die Reihe der Elemente lautet:

$$1 \quad 2 \quad 4 \quad 8 \quad 16 \quad 32 \quad 64 \quad \ldots \quad 2^n.$$

Diese Reihe heißt dyadische oder Verdopplungsreihe. Die Summe aller n Glieder von 1 angefangen ist

$$1 + 2 + 4 \cdots 2^{n-1} = \frac{2^n-1}{2-1} = 2^n - 1.$$

Das ist zugleich die größte aus n Gliedern bildbare Summengröße.

Man kann sehr einfach beweisen, daß die dyadische Reihe die sparsamste Reihe der additiven Größen ist. Aus n Elementen dieser Reihe kann man $c_n^1 + c_n^2 + c_n^3 + \ldots c_n^n = 2^n - 1$ verschiedene Summenkombinationen bilden. Damit ist die Gesamtzahl der bildbaren Größen gleich der größten bildbaren Größe, sofern das kleinste Element gleich der Einheit ist. Andererseits folgt aus der Eindeutigkeitsaussage in Abschn. 313, daß nicht zwei verschiedene Summenkombinationen dieselbe Zahl ergeben können.

---

[1] Siehe Abschn. 43.

Es sei $a_1\, a_2\, \ldots\, a_n$ eine geometrische Folge ganzer Zahlen mit dem Stufensprung φ. Also $a_v = a_1 \cdot \varphi^{v-1}$ $(v = 1, \ldots, n)$. Nun nehmen wir an, es ließe sich eine ganze Zahl z auf drei verschiedene Arten als Summenkombination darstellen:

$$a_i + a_j + \cdots + a_v = a_{i'} + a_{j'} + \cdots + a_{v'}.$$

Dann kann weiter vorausgesetzt werden, daß kein Glied aus der ersten Summe einem Gliede aus der zweiten Summe gleich ist; und es bedeutet keine Beschränkung der Allgemeinheit, wenn man annimmt, a_i und $a_{i'}$ seien die kleinsten Glieder auf der linken bzw. rechten Seite. Dann enthält die linksstehende Summe die Zahl φ genau in der $(i-1)$-ten Potenz, die rechte Summe enthält sie jedoch in der $(i'-1)$-ten Potenz. Das ist aber wegen $i' \neq i$ ein Widerspruch.

Aus der Tatsache, daß aus n Gliedern der Reihe 2^n-1 Summenkombinationen bildbar sind, daß die kleinste Summenkombination 1 und die größte 2^n-1 ist, und daß keine Summenkombination mehrfach vorkommt, sieht man, daß die Glieder der dyadischen Reihe eine lückenlose natürliche Zahlenreihe bei ihren Summenkombinationen bildet. Wir haben hier den Fall einer idealen Ausnutzung des Stoffes; das ist für verschiedene Normen von unmittelbarer Bedeutung.

Die dyadische Reihe lautet 1 2 4 8 16 ..., und aus ihr entsteht die natürliche Zahlenreihe wie folgt:

$$1 \quad 2 \quad 2+1=3 \quad 4 \quad 4+1=5 \quad 4+2=6 \quad 4+2+1=7 \quad 8 \cdots$$

Die erwähnte ideale Ausnutzung ist bei anderen geometrischen Reihen nicht gegeben; das sei am Beispiel der Dreier-Reihe gezeigt:

$$1 \quad 3 \quad 9 \quad 27 \ldots 3^{n-1}.$$

Diese n Elemente ergeben als größte bildbare Summe

$$\frac{3^n-1}{3-1} = \frac{3^n-1}{2}.$$

Die Anzahl der bildbaren Kombinationen ist aber auch hier (2^n-1).

Da für jedes $n > 1$ nun $\dfrac{3^n-1}{2} > 2^n-1$ ist, so bedeutet das, daß die größte

bildbare Summe größer ist als das letzte, nämlich das (2^n-1)-te Glied der von 1 ausgehenden natürlichen Zahlenreihe. Somit müssen in der von den Elementensummen gebildeten Reihe Lücken sein; diese machen es notwendig, daß einzelne Elementegrößen mehrfach vorhanden sein müssen; dies ist aber im Vergleich zur dyadischen Reihe unrationell.

In Zahlensystemen mit der Grundzahl 2^p (4, 8, ...) kann die Anzahl der Elemente verringert werden, wenn wir die dyadische Reihe in jeder Zahlenstelle anwenden. Zum Beispiel im Vierer-System brauchen wir je drei Elementegrößen in jeder Zahlenstelle, und statt dieser können wir 1 und 2 nehmen. Die Elementgröße 3 wird hier durch (1 +2) ersetzt. Im Vierer-System brauchen wir für die Zahl 1000 5 Stellen (s. Tab. 1) zu je drei Elementegrößen, insgesamt $5 \cdot 3 = 15$ Elemente; bei Anwendung der Elemente 1 und 2 in jeder Stelle brauchen wir nur $5 \cdot 2 = 10$ Elemente.

Das ist dieselbe Anzahl wie im dyadischen System. Eine nähere Betrachtung zeigt uns, daß wir tatsächlich eine reine dyadische Reihe haben, nur anders geordnet, nämlich

$$1, 2; \quad 1 \cdot 4, \quad 2 \cdot 4, \quad 1 \cdot 4^2, \quad 2 \cdot 4^2; \quad 1 \cdot 4^3 \quad \text{usw.}$$

Wie man sieht müssen die Elementegrößen $4, 4^2 \cdots$ doppelt vorhanden sein.

In anderen Zahlensystemen (nicht Potenzen von 2) bringt die Einführung der dyadischen Reihe in die Zahlenstellen auch eine Ersparnis in der Anzahl der Elementegrößen, aber dabei entsteht ein Überschuß, z. B. für 9 Elemente des Zehnersystems braucht man die Ersatzbausteine 1, 2, 4 und 8 und die Summe ist gleich 15 statt 9. Die erforderliche Gesamtanzahl der Elemente bis 1000 ist hier

$$3 \cdot 4 = 12,$$

nicht viel größer als im dyadischen System, aber die Summe der Elemente ist viel größer:

$$S = 15 + 150 + 1500 = 1665.$$

421 Informationseinheit (information unit).

Das Dualsystem wird wegen seiner Einfachheit und Sparsamkeit immer mehr in elektronischen und Relaisrechenmaschinen benutzt. Deswegen hat man in Amerika eine Informationseinheit,, information unit" eingeführt (Schr. 11, S. 14). die auf dem Dualsystem aufgebaut ist. Damit hat es folgende Bewandtnis.

Im Dualsystem, das nur die Ziffern 0 und 1 kennt, werden die natürlichen Zahlen (in üblicher Schreibweise in Klammern gesetzt) bekanntlich wie folgt dargestellt:

$$
\begin{aligned}
0 &= &&= (0) & 100 &= (2^2 + 0 + 0) &&= (4) \\
1 &= 2^0 &&= (1) & 101 &= (2^2 + 0 + 2^0) &&= (5) \\
10 &= 2^1 + 0 &&= (2) & 110 &= (2^2 + 2^1 + 0) &&= (6) \\
11 &= 2^1 + 2^0 &&= (3) & 111 &= (2^2 + 2^1 + 2^0) &&= (7)
\end{aligned}
$$

Mit 3 Stellen (bis 111) können wir nach dem Gesetz der Variationen mit Wiederholung 2^3 und mit n Stellen 2^n Kombinationen haben.

Die Stellen des Dualsystems nennt man nun in USA „information unit" (Informationseinheit). Somit liefert auch hier die kombinatorische Betrachtung einen Ansatz zu einer internationalen Norm. Die soeben erwähnte Tatsache wird nun so ausgedrückt: drei Informationseinheiten haben $2^3 = 8$ Werte. Zur Bezeichnung aller Ziffern des Zehnersystems brauchen wir vier Informationseinheiten, weil drei nicht ausreichen (s. a. Abschn. 326). Darum entspricht jede Zahlenstelle des Zehnersystems 4 Informationseinheiten usw. Für 26 Buchstaben brauchen wir 5 Informationseinheiten (die bis 32 Buchstaben ausdrücken könnten), oder eine Stelle der Buchstaben entspricht 5 Informationseinheiten usw.

43 Verwertbarer Überschuß.[1]

In der Praxis ist die Endgröße einer benötigten Reihe selten eine Zweierpotenz. Daher kann man meist mit den vorhandenen Elementen einige Glieder bilden, die größer als die verlangte Endgröße sind.

Um Stoff zu sparen, kann man die einzelnen Elemente verringern, und zwar so, daß die größte Summe gerade der erwünschten Endgröße entspricht. Bei der Verringerung der Größe der einzelnen Elemente muß man auf folgendes achten:

a) daß von keinem kleineren Element etwas abgezogen wird, wenn das nächstgrößere Element nicht auch verringert wird;

b) die Summe der Abzüge aller Elemente, die kleiner als Element M sind, muß kleiner oder gleich sein dem Abzug von Element M, sonst würden Lücken in der gebildeten Reihe entstehen;

c) Summe aller Abzüge $\leqq$ Überschuß.

Diese Bedingungen werden erfüllt bei Abzug einer Verdopplungsreihe von der anderen, wobei mit dem Abziehen nicht beim ersten Gliede begonnen wird.

Beispiel.

1.

$$
\begin{array}{rrrrrrrrr}
1 & 2 & 4 & 8 & 16 & 32 & 64 & 128 & 256 \\
- & 1 & 2 & 4 & 8 & 16 & 32 & 64 & 128 \\
\hline
1 & 1 & 2 & 4 & 8 & 16 & 32 & 64 & 128
\end{array}
$$

Es entsteht die gleiche Reihe, nur mit doppeltem ersten Glied, was uns ermöglicht, jede Größe auf zweifache Art zu bilden und jedes neue Element durch Größenvergleich zu kontrollieren, indem wir die Summe der vorausgegangenen bilden.

2.

$$
\begin{array}{rrrrrrrrr}
1 & 2 & 4 & 8 & 16 & 32 & 64 & 128 & 256 \\
- & & 1 & 2 & 4 & 8 & 16 & 32 & 64 \\
\hline
1 & 2 & 3 & 6 & 12 & 24 & 48 & 96 & 192
\end{array}
$$

Diese Reihe hat dieselben Kontrolleigenschaften wie die vorige und andere interessante Eigenschaften, z. B. ist sie vom dritten Glied angefangen durch 3 teilbar. Der Abzug der Verdopplungsreihe von dem vierten Glied angefangen gibt uns die Teilbarkeit aller Glieder durch 7 usw.

Beim Abziehen der Größe von den verschiedenen Gliedern der Reihe, um den Überschuß zu beseitigen, haben wir eine gewisse *Freiheit*. Man kann innerhalb gewisser Grenzen von einem Glied mehr abziehen als vom anderen und dadurch verschiedene Reihen bekommen.

KIENZLE (Schr. 3, 10) erwähnt folgende Gesichtspunkte für die Zweckmäßigkeit der Abwandlungen durch Abzüge der Verdopplungsreihe: 1. bequeme Addierbarkeit; 2. geringste Anzahl von Einzelgrößen in den Summengrößen; 3. doppelte Bildbarkeit gewisser Summengrößen zwecks Kontrolle im Satz; 4. Anpassung an die Normungszahlen; 5. Kleinhaltung der Summe aller Elemente und damit des Gesamtaufwandes.

Hier könnte man noch hinzufügen: gute Teilbarkeit und andere Zahleneigenschaften der einzelnen Glieder.

---

[1] Erstmalig erwähnt von KIENZLE (Schr. 3).

431 Einzelgrößen zur Bildung von Summengrößen 1—9.

Die wichtigste Gruppe der additiven Größen der Verdopplungsreihe sind die Einzelgrößen von 1—9 (10), weil diese Größen im Zehnersystem in jeder Stelle angewandt werden können. Im folgenden werden verschiedene Formen der Abwandlungsreihen von 1—9 gegeben:

1 2 4 8 Natürliche Hauptreihe, Überschuß sehr groß:

$$(1 + 2 + 4 + 8) — 9 = 15 — 9 = 6.$$

Keine Kontrolle.

1 2 4 8 Verkleinerte Reihe mit Überschuß:
—   1 3
———————
1 2 3 5 $11 — 9 = 2$.

Gute Addierbarkeit, wichtigste Teiler 2, 3 und 5. In diesen beiden Reihen ist die größte Anzahl zur Bildung einer Summengröße 3.
2 Kontrollen, nämlich:

$$2 + 3 = 5, \quad 1 + 2 = 3.$$

1 2 4 8
—   2 3
———————
1 2 2 5 Zur bequemsten Addierbarkeit geschaffene Reihe. Zur Bildung von 10 benötigt man 4 Einzelgrößen. 2 Kontrollen, nämlich $1 + 2 + 2 = 5$ und $2 = 2$. Nachteil: Zwei gleiche Elemente. Diese Reihe ist im Geldwesen angewandt.

1 2 4 8
—   1 4
———————
1 2 3 4 Eine sparsame Reihe. 3 Kontrollen, nämlich:
$1 + 2 = 3, \quad 1 + 3 = 4, \quad 2 + 3 = 1 + 4.$

1 2 4 8
—   1 5
———————
1 2 3 3 Die sparsamste Reihe. 2 Kontrollen, nämlich:
$1 + 2 = 3 = 3$. Schlechte Addierbarkeit. Zur Bildung der Einzelgröße benötigt man hier die höchste Anzahl der Elemente.

1 2 4 8
—   1
———————
1 2 4 7 In dieser Reihe sind alle Größen nur mit zwei Elementen zu bilden. Allgemeine Kontrolle aller Elemente:
$1 + 2 + 4 = 7$ [1].

———

[1] Diese Reihe ist bei der Verwendung in Endmaßsätzen patentiert.

Die Untersuchung verschiedener Grundreihen zur Bildung sparsamer Größen in anderen Zahlensystemen ist wegen geringer praktischer Bedeutung hier nicht vorgenommen.

432 Einzelgrößen zur Bildung von Summengrößen 1 - 99.

Um eine bequeme Addierbarkeit der Verdopplungsreihe zu erreichen, empfiehlt KIENZLE die fortgesetzte Hälftelung der die Summengröße abschließenden Zehnerpotenz, z. B.

$$100 \quad 50 \quad 25 \quad 12{,}5 \quad 6{,}25 \quad 3{,}125 \quad 1{,}5625 \quad 0{,}78125$$

mit gerundeten Werten:

$$100 \quad 50 \quad 25 \quad 12 \quad 7 \quad 4 \quad 2 \quad 1.$$

Jede Hälftelungsreihe kann rückwärts gesehen als eine Verdopplungsreihe betrachtet werden, worin die Grundzahl das letzte Glied der Hälftelungsreihe ist.

Die Hälftelungsreihe

$$1 + 2 + 4 + 7 + 12 + 25 + 50 = 101$$

verglichen mit der Verdopplungsreihe

$$1 + 2 + 4 + 8 + 16 + 32 + 64 = 127$$

zeigt die zweckmäßige Ausnutzung des Stoffes. Die Gesetze des verwertbaren Überschusses sind hier eingehalten. Diese Reihe hat 4 Kontrollen.

433 Einzelgrößen zur Bildung von Summengrößen 1—999.

Geht man auf bequeme Addierbarkeit aus, so erhält man aus der dyadischen Reihe:

$$1 + 2 + 4 + 8 + 16 + 32 + 64 + 128 + 256 + 512 = 1023$$

abzüglich Überschußzahlen $\qquad 1 + 3 + 6 + 12 = 22$

die vom Überschuß befreite Reihe:

$$1 + 2 + 4 + 8 + 16 + 32 + 63 + 125 + 250 + 500 = 1001.$$

Die gleiche Reihe bekommt man durch Zusammensetzung der Hälftelungsreihe mit der Verdopplungsreihe.

Diese Reihe ist nichts anderes als die Normungszahlenreihe

$$Ra \, \frac{10}{3} \qquad \text{(Schr. 3).}$$

44 Summen aus begrenzten Summandenzahlen.

Die dyadische Reihe und die auf den Zahlensystemen aufgebauten additiven Größen mit $n-1$ gleichen Gegenständen in jedem n-ten

Potenzbereich haben einen großen Nachteil, nämlich: größere Werte können nur mit Hilfe immer größerer Anzahl von Summanden gebildet werden. Aus Tab. 1 ersieht man, daß zur Bildung der Größen bis 1000 bei der dyadischen Reihe bis zu 10 Summanden gebraucht werden, bei der Dreiersystem-Reihe bis zu 13, bei der Vierersystem-Reihe bis zu 15 usw.

Aus konstruktiven Gründen (Genauigkeit und Zeitaufwand bei der Zusammenstellung) ist eine so große Summandenzahl in einem Summengebilde oft unzulässig. Es gibt Gebiete der additiven Größen, wo die Summandenzahl für jede beliebige Größe auf höchstens 2 oder 3 Elemente beschränkt ist. Zur Verringerung der Anzahl der Summanden werden die additiven Elemente wieder nach dem Zahlensystem gebaut, aber nicht mit den gleichen $n-1$ Steinen in einer Potenz der Grundzahl, sondern entsprechend der Zifferngröße in dieser Potenz, d. h. die Steine im n^k-Bereich werden gleich

$$1\,n^k,\ 2\,n^k,\ 3\,n^k,\ \ldots\ (n-1)n^k.$$

Im Zehnersystem z. B. wären die Elementengrößen oder Steine für die Zahlen bis 100 gleich 1, 2, 3, 4, 5, ... 9 und 10, 20, 30, 40, ... 90. Dabei kann jede Größe bis 100 mit nur 2 Steinen gebildet werden. (Die Gesamtanzahl der Summanden ist der früher auf S. 39 angegebenen gleich.) Allerdings wird dieser Vorteil mit großem Stoffaufwand erzielt, weil die Summe der Größen aller Steine viel größer wird. Aus höchstens k Elementen kann jede Größe N gebildet werden, die der Bedingung $n^k \geqq N > n^{k-1}$ genügt, sofern $n > 2$ ist. Sind N und k vorgeschrieben, so muß also $n \geqq \sqrt[k]{N}$ sein.

Es ist selten, daß N gleich n^k ist. Wenn $n^k > N$, dann müssen wir, um n auszurechnen, $\sqrt[k]{N}$ bis zur nächsten ganzen Zahl vergrößern:

$$n = \left\{ \sqrt[k]{N} \right\}.$$

Diese Formel zeigt uns, daß die Zahl N, die Grundzahl n und die Anzahl der Potenzglieder k so miteinander verbunden sind, daß, wenn zwei von ihnen gewählt werden, die dritte zwangsläufig bestimmt wird. Bei unserem additiven System *ist die Anzahl der Potenzglieder gleich der Höchstzahl der Summanden*, und $n-1$ ist die Zahl der Steine in einem Potenzbereich. Die Gesamtzahl der Summanden ist $R = k(n-1)$. Die Summe aller Summanden ist nicht schwer zu errechnen. Die Summe in der Reihe n^0 ist gleich

$$\frac{[1 + (n-1)]\,(n-1)}{2} = \frac{n\,(n-1)}{2}$$

und die Summe aller Summanden

$$S = \frac{n\,(n-1)\,n^0}{2} + \frac{n\,(n-1)\,n}{2} + \frac{n\,(n-1)\,n^2}{2}\cdots$$

$$\frac{n\,(n-1)\cdot n^{k-2}}{2} + \frac{n\,(n-1)\cdot n^{k-1}}{2}$$

$$= \frac{n\,(n-1)}{2}\,(1 + n + n^2 + \cdots n^{k-2} + n^{k-1})$$

$$= \frac{n\,(n-1)}{2}\cdot\frac{n^k-1}{n-1} = \frac{n\,(n^k-1)}{2}\,.$$

Auf diese Weise können sehr leicht die Summandenreihen mit bestimmter Höchstsummandenzahl gefunden werden.

Beispiele im Zahlenbereich 1—100.

a) Höchstsummanden-Anzahl $k = 2$,

$n = \sqrt[2]{100} = 10$ (Anzahl der Steine in einem Potenzbereich = 9),

Gesamtzahl der Steine $R = 2\cdot 9 = 18$,

Summe aller Summanden $S = \dfrac{10\,(10^2-1)}{2} = 495$.

Reihe der 0. Potenz: 1, 2, 3, 4, 5, 6, 7, 8, 9,
Reihe der 1. Potenz: 10, 20, 30, 40, 50, 60, 70, 80, 90;

b) Höchstsummanden-Anzahl $k = 3$; $n = \left\{\sqrt[3]{100}\right\} = 5$; $R = 3\,(5-1) = 12$.

Die Reihen   0.   1.   2. Potenz
     1, 2, 3, 4   5, 10, 15, 20   25, 50, 75 (100).

Da der letzte Stein (Elementgröße 100) im geforderten Bereich nicht nötig ist, brauchen wir nur die verminderte Anzahl

$$R_1 = 12 - 1 = 11 \text{ Steine. Ihre Summe ist } S_1 = \frac{5\,(5^3-1)}{2} - 100 = 210;$$

c) $k = 4$; $n = \left\{\sqrt[4]{100}\right\} = 4$; $R = 4\,(4-1) = 12$.

Die Reihen lauten in der
     0.   1.   2.   3. Potenz
     1, 2, 3   4, 8, 12   16, 32, 48   64 (128) (192);

$$R_1 = 12 - 2 = 10; \qquad S_1 = \frac{4\,(4^4-1)}{2} - (192 + 128) = 190.$$

Die Betrachtung lehrt, daß die geringe Anzahl von Summanden in einer Kombination mit einer großen Zahl von Elementen und einer großen Elementensumme erkauft wird.

Die Reihen der Steine (Elemente) sind gruppengeometrische Reihen (Rgg), d. h. daß die additiven Größen, die nach Zahlensystemen gebaut sind, als gruppengeometrische Reihen untersucht werden können (Schr. 3).

45 Gleichzeitige mehrfache Bildbarkeit.

Wenn ein Satz additiver Größen für die Bildung bestimmter Größen aus einer bestimmten Summandenzahl vorhanden ist, kann man mit Hilfe einer geringen Zahl neuer Elemente dieselben Größen mehrfach bilden. Hier werden die Kombinationseigenschaften, mit einer geringen Anzahl von Elementen eine größere Anzahl von Kombinationen zu liefern, zusätzlich ausgenutzt. Bei praktischer Anwendung der additiven Größen kann es vorkommen, daß dieselbe Größe zu gleicher Zeit mehrmals verlangt wird. Wenn es keine Zusatzgrößen gäbe, dann wären vollständige weitere Sätze nötig. Die vielfache Bildbarkeit gibt außerdem die Möglichkeit, die gebildeten Größen zu vergleichen und die Genauigkeit zu prüfen.

451 Zweifache gleichzeitige Bildbarkeit.

Um jede Größe zweimal aus höchstens 2 Elementen bilden zu können, ergänzt man die ursprüngliche additive Reihe, den Hauptsatz, durch eine Zusatzreihe, den Ergänzungssatz. Der Hauptsatz hat in der

$$0. \text{ Potenz } 1, 2 \ \cdots \ (n-1) \qquad \text{(A-Reihe)}$$
$$1. \text{ Potenz } n, 2n \cdots (n-1) \cdot n \quad \text{(B-Reihe)}$$

Aus den Elementen dieses Hauptsatzes können die Größen

$$3, 4, \cdots, 2n-3$$

ein zweites Mal gebildet werden. Z. B.:

$$3 = 2 + 1$$
$$7 = 5 + 2$$
$$n - 3 = (n-4) + 1 \cdots n = (n-1) + 1$$
$$\cdots 2n - 3 = (n-1) + (n-2) = n + (n-3) = 2n-3$$

Die Größen 1 und 2 und Größen über $2n-3$ können nicht gleichzeitig mehrfach aus den Hauptsatzelementen gebildet werden. Z. B.: $2n-2$ kann einmal als $n + (n-2)$ gebildet werden, und beim zweiten Male wäre wieder das Element n nötig. Ebenso wäre für die Größe $x \cdot n + y$ das Element $x \cdot n$ zweimal nötig. Man könnte zwar $2n-2$ aus $(n-1)$ und $(n-2)$ und 1 oder $x \cdot n + y$ aus $(x-1) \cdot n$, $(n-1)$, y und 1 bilden, aber hier wären mehr als zwei Elemente nötig. Darum brauchen wir für die Zusatzreihe noch einmal das Element 1, um $2 = 1 + 1$ und $1 = 1$ zu bilden, sowie eine Ergänzungs-B-Reihe.

Die Elemente der B-Reihe dürfen nicht den Elementen des Hauptsatzes gleich sein, weil in diesem Fall zur zweifachen Bildung der Zahlen alle Elemente der A-Reihe doppelt vorhanden sein müßten. Wir geben im folgenden Beispiele für mögliche Ergänzungs-B-Reihen:

1. Beispiel:
$$(n+\alpha),\ (2n+\alpha),\ (3n+\alpha)\cdots(n-1)\cdot n+\alpha.$$

Um Stoff zu sparen, soll α möglichst klein sein, meistens ist $\alpha=1$, so daß dann der vollständige Ergänzungssatz lautet

$$\boxed{1,\ (n+1),\ (2n+1),\ \ldots\ldots,\ (n-1)\cdot n+1}\ .$$

Die Anzahl der Elemente im Ergänzungssatz ist $1+(n-1)=n$. Man kann noch ein Element des Ergänzungssatzes sparen, indem man z. B. wie folgt vorgeht:

2. Beispiel. Man geht aus von der Reihe
$$(n+\alpha),\ 2\,(n+\alpha)\ \ldots\ldots\ (n-1)\cdot(n+\alpha);$$
Für $\alpha=1$ hat das letzte Glied den Wert n^2-n-2.

Die Summen des vorletzten Gliedes mit den Gliedern $n-1$ und n der Hauptreihe geben die Größen n^2-3 und n^2-2. Da auch $n+1$ im Satz vorhanden ist, kann das letzte Element n^2-1 fortgelassen werden, denn diese Größe läßt sich bereits zweimal bilden:
$$(n-1)\cdot n+(n-1)=(n-2)\cdot(n+1)+(n+1).$$
Der vollständige Ergänzungssatz ist also:

$$\boxed{1,\ (n+1),\ (2n+2),\ \ldots\ldots,\ (n-2)\cdot(n+1)}\ ;$$

er enthält $n-1$ Elemente. An seiner Stelle kann auch derjenige Satz verwendet werden, in dessen B-Reihe die um 1 vergrößerten Elemente stehen:

$$\boxed{1,\ (n+2),\ (2n+3),\ \ldots\ldots,\ (n-2)\cdot n+(n-1)}\ .$$

Für $n=10$, wenn der Hauptsatz aus den Elementen 1, 2, 3 ..., 9, 10, 20, 30 ...., 90 besteht, haben wir im ersten Fall den Ergänzungssatz 1, 11, 22, 33, ..., 88, im zweiten Fall lautet er 1, 12, 23, 34, ..., 89.

452 dreifache gleichzeitige Bildbarkeit.

Nun soll der Satz so erweitert werden, daß jede in Frage kommende Größe gleichzeitig dreimal aus höchstens 2 Elementen gebildet werden kann. Aus den Elementen des Hauptsatzes lassen sich bereits alle Größen von $5\ldots\ldots(2n-5)$ auf drei verschiedene Weisen zusammenstellen:

$$
\begin{array}{lll}
5= & 4+1 & =3+2\\
6= & 5+1 & =4+2\\
\vdots & \vdots & \vdots\\
n+(n-5)=(n-1)+(n-4)=(n-2)+(n-3) & & (=2n-5)
\end{array}
$$

Wir sorgen zunächst dafür, daß auch die Größen von 1—4 dreimal gebildet werden können. Dazu brauchen wir außer dem zusätzlichen Element 1 des ersten Ergänzungssatzes (s. Abschn. 451) im zweiten Ergänzungssatz abermals das Element 1 und außerdem das Element 2, so daß im ganzen die 1 dreimal, die 2 zweimal vorhanden ist. Dann kann man nämlich bilden:

$$
\begin{aligned}
1 &= 1 &&= 1 \ ;\\
2 &= 2 &&= 1+1;\\
3 &= 2+1 &&= 2+1;\\
4 &= 3+1 &&= 2+2.
\end{aligned}
$$

Um die dreifache Bildbarkeit der Größen oberhalb $2n-5$ zu sichern, braucht man im Größenbereich zwischen n und n^2 zwei Ergänzungs-B-Reihen. Knüpft man an die in Abschn. 451 aufgestellten ersten Ergänzungssätze an und fügt ihnen jeweils einen zweiten Ergänzungssatz hinzu, so hat man stets darauf zu achten, daß kein Element der B-Reihe des zweiten Ergänzungssatzes mit irgendeinem Element des Hauptsatzes oder des ersten Ergänzungssatzes übereinstimmen darf. In Erweiterung des Beispiels 1 aus Abschn. 451 kann man z. B. die beiden folgenden Ergänzungs-B-Reihen kombinieren:

$$
(n+1), (2n+1), \ldots, [(n-1)\,n+1]
$$
$$
(n+2), (2n+2), \ldots, [(n-1)\,n+2]
$$

Jede dieser beiden Ergänzungs-B-Reihen enthält ebenso wie die B-Reihe des Hauptsatzes $n-1$ Elemente. Da die A-Reihe mit ihren beiden Ergänzungen aus $n+2$ Elementen besteht, ist die Gesamtzahl der Elemente dieses Satzes $3(n-1)+(n+2) = (4n-1)$.

Ein sparsamer Satz ergibt sich durch Erweiterung des Beispiels 2 aus Abschn. 451, indem man unmittelbar die beiden dort angegebenen Ergänzungs-B-Reihen kombiniert:

$$
(n+1), \ 2 \cdot (n+1), \ldots, (n-2) \cdot (n+1)
$$
$$
(n+2), \quad (2n+3), \ldots, (n-2) \cdot n + (n-1)
$$

Da jede dieser beiden Ergänzungs-B-Reihen nur $n-2$ Elemente enthält, ist die Elementenzahl dieses Satzes insgesamt $4n-3$; dennoch lassen sich daraus alle Größen bis einschließlich n^2-1 auf drei verschiedene Arten kombinieren. Für n^2-1 ergibt sich z. B.

$$
(n-1) \cdot n + (n-1) = (n-2) \cdot (n+1) + (n+1)
$$
$$
= [(n-2) \cdot n + (n-1)] + n .
$$

Bei den hier angegebenen Ergänzungssätzen handelt es sich lediglich um Beispiele, ihre Zahl ließe sich noch leicht vergrößern.

Als ein Beispiel für mehrfache Bildbarkeit wird die Tabelle für einen Endmaßsatz 1—100 mm gegeben, die von ROHRBACH berechnet ist (Bild 3).

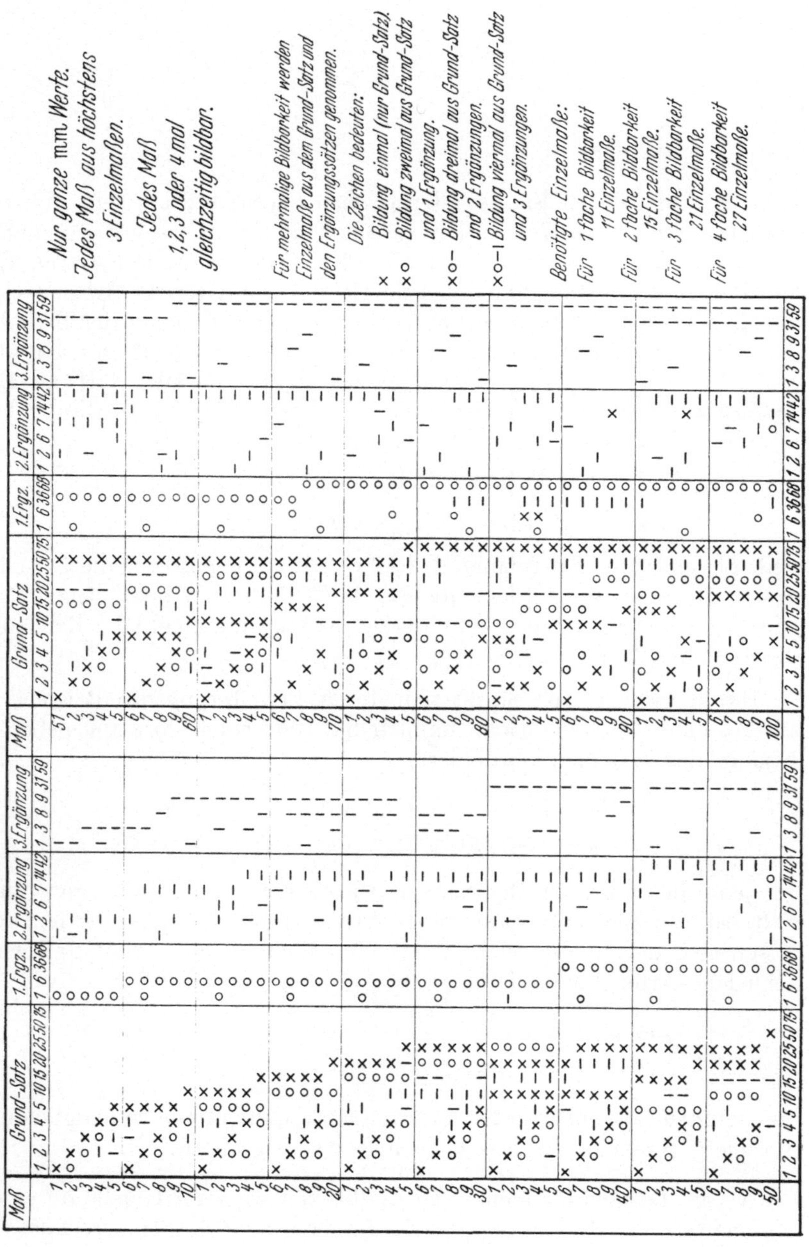
Endmaßsatz für 1–100 mm
Maß
Grund-Satz
1 2 3 4 5 10 15 20 25 50 75
1. Ergz.
1 6 36 68
2. Ergänzung
1 2 6 7 14 42
3. Ergänzung
1 3 8 9 31 59
Nur ganze mm Werte.
Jedes Maß aus höchstens 3 Einzelmaßen.
Jedes Maß 1, 2, 3 oder 4 mal gleichzeitig bildbar.
Für mehrmalige Bildbarkeit werden Einzelmaße aus dem Grund-Satz und den Ergänzungssätzen genommen.
Die Zeichen bedeuten:
× Bildung einmal (nur Grund-Satz).
×○ Bildung zweimal aus Grund-Satz und 1. Ergänzung.
×○– Bildung dreimal aus Grund-Satz und 2 Ergänzungen.
×○–| Bildung viermal aus Grund-Satz und 3 Ergänzungen.
Benötigte Einzelmaße:
Für 1 fache Bildbarkeit 11 Einzelmaße.
Für 2 fache Bildbarkeit 15 Einzelmaße.
Für 3 fache Bildbarkeit 21 Einzelmaße.
Für 4 fache Bildbarkeit 27 Einzelmaße.

Bild 3

46 Additive Größen bei geometrischen Reihen einschließlich Normungszahlenreihen.

Bis jetzt haben wir die Elemente (Summanden) untersucht, um eine arithmetische Reihe lückenlos zu bilden. Diese Elemente bilden eine geometrische Reihe oder sind Produkte, aus denen ein Faktor Glied der geometrischen Reihe ist (gruppengeometrische Reihen). Es ist auch sehr wichtig, die Möglichkeit nachzuprüfen, ob die Glieder einer geometrischen Reihe als Summen einer kleineren Zahl von Summanden gebildet werden können. Die Verdoppelungsreihe kann nicht mit einer kleineren Zahl verschiedener Summanden gebildet werden, weil sie schon die sparsamste additive Reihe ist. Es kann nur Stoffersparnis erzielt werden durch Hinzufügung des neuen Gliedes 1. Dadurch kann das letzte Glied der Verdopplungsreihe als Summe aller früheren Glieder gebaut werden.

Bei geometrischen Reihen mit $\varphi > 2$ kann man auch nicht x Glieder als Summen einer Summandenzahl kleiner als x bilden, weil die Glieder einer geometrischen Reihe mit $\varphi > 2$ sehr schnell zunehmen. Aber man kann Stoff sparen, wenn die Zahl der Summanden für ein Summengebilde nicht begrenzt ist.

Zum Beispiel können die Glieder der geometrischen Reihe

$$1 \quad 3 \quad 9 \quad 27 \quad 81 \quad 243 \quad\quad (\text{Summe} = 364)$$

als Summen der Differenzen benachbarter Glieder und des ersten Gliedes gebildet werden.

Die Differenzen sind:

$$3 - 1 = 2 \quad 9 - 3 = 6 \quad 27 - 9 = 18 \quad 81 - 27 = 54 \quad 243 - 81 = 162.$$

Die Reihenglieder werden wie folgt gebildet:

$$3 = 2 + 1 \quad 9 = 6 + 2 + 1 \quad 27 = 18 + 6 + 2 + 1 \quad 81 = 54 + 18 + 6 + 2 + 1$$
$$243 = 162 + 54 + 18 + 6 + 2 + 1.$$

Um das sechste Glied der Reihe zu bilden, braucht man hier auch 6 Summanden. Ist der Stoffaufwand proportional der Gliedgröße, so beträgt die Ersparnis bei 6 Gliedern $= 364 - 243 = 121$, also rund $1/3$.

Dieselbe Methode kann auch bei anderem φ angewandt werden, z. B.

$$\varphi = 5:$$
$$0 \quad 1 \quad 5 \quad 25 \quad 125 \quad 625;$$
Differenzen: $\quad\quad 1 \quad 4 \quad 20 \quad 100 \quad 500.$

Bei einer *Normungszahlenreihe* kann die Ersparnis auch in der Zahl der Summanden erreicht werden, weil die Glieder nicht so schnell zunehmen, z. B.:

$$R\,10; \quad \varphi = 1{,}25$$
$$1 \quad 1{,}25 \quad 1{,}6 \quad 2 \quad 2{,}5 \quad 3{,}15 \quad 4 \quad 5 \quad 6{,}3 \quad 8 \quad 10.$$

Die ersten zehn Glieder kann man mit Hilfe der acht Summanden

$$0{,}05 \quad 0{,}10 \quad 0{,}20 \quad 0{,}30 \quad 1 \quad 2 \quad 3 \quad 4$$

bilden, die unter Berücksichtigung der größten Stoffersparnis gefunden wurden; die Summe der Summanden ist nämlich nur 10,65.

Die Reihe von 1 bis 63 (19 Glieder) kann man mit 10 Gliedern

$$0{,}04 \quad 0{,}1 \quad 0{,}2 \quad 0{,}3 \quad 1 \quad 2 \quad 4 \quad 8 \quad 16 \quad 32$$

bilden (Summe der Summanden 63,65).

Noch günstiger ist die Lösung für die Reihe R 20. Alle Glieder von 1 bis 10 (21 Glieder) können mit derselben Reihe der Elemente wie oben zuzüglich 0,02 und 0,14 gebildet werden (Summe der Summandenreihe 10,67).

47 Praktische Anwendung der additiven Größen.

Unter allen hier untersuchten Eigenschaften der additiven Größen wird die bequeme Addierbarkeit in der Praxis am meisten ausgenutzt, weil sie zu einer beträchtlichen *Zeitersparnis* führt. Die *Stoffersparnis*, die man erreichen kann, spielt nur in den Fällen eine Rolle, wo die Materialkosten hoch sind.

In *elektrischen Widerständen* sind die Widerstandselemente meistens nach dem Zehnersystem gebaut, d. h. es sind z. B. die Widerstände

$\underline{0{,}01}$	$\underline{0{,}02}$	$\underline{0{,}03}$	$\underline{0{,}04}$	$\underline{0{,}05}$	0,06	$\underline{0{,}07}$	0,08	0,09
$\underline{0{,}1}$	$\underline{0{,}2}$	$\underline{0{,}3}$	0,4	$\underline{0{,}5}$	0,6	$\underline{0{,}7}$	0,8	0,9
$\underline{1}$	$\underline{2}$	$\underline{3}$	4	$\underline{5}$	6	$\underline{7}$	8	9

vorhanden. Die Einstellung eines bestimmten Widerstandes, wie 4,12, erfordert 3 Stöpsel- oder Kurbeleinstellungen. Nötig wären nach Abschnitt 431 nur die unterstrichenen Größen, d. h. nur 40%. Dann sind aber in jeder Dekade nicht nur ein, sondern ein oder zwei Widerstände zu schalten. Es spricht für die vollständige Reihe die bequemste Addierbarkeit $(0{,}07 + 0{,}1 + 4 = 4{,}17)$, für die sparsame Reihe die Ersparnis beim Abgleichen sehr genauer oder aus sonstigen Gründen teurer Widerstände.

Bei Gewichtssätzen wird man im allgemeinen auf bequeme Addierbarkeit zu achten haben. Bei automatischer Zustellung der Elemente aber verliert die bequeme Addierbarkeit an Bedeutung, und es kommt mehr auf eine möglichst kleine Zahl von Elementen an. Diese Aufgabe liegt bei Präzisionswaagen vor, die in einem Glasgehäuse stehen. Durch dessen Wand hindurch wird eine mit Kurvenstücken versehene Welle in 10 verschiedene Stellungen gedreht, um 0, 1, 2, … 9 mg auf den Waagebalken aufzusetzen. Man braucht nach Abschn. 431 nur 4 solcher

Gewichte, da man in einer Winkelstellung zugleich 2 (z. B. 7 + 1) oder 3 (z. B. 5 + 2 + 1) aufsetzen kann.

Bei den *Endmaßsätzen* und da, wo die Fertigungsgenauigkeit kostspielig ist, kommen andere Gesichtspunkte in Betracht. Die Endmaßsätze sind das am besten untersuchte praktische Anwendungsgebiet der additiven Größen.

Der wichtigste Bereich für die Endmaßsätze ist 0,01 mm bis 100 mm. Wenn 0,01 als kleinste notwendige Differenz zwischen zwei Größen genommen ist, haben wir insgesamt $100 \times 100 = 10000$ zu bildende Größen.

Die Anzahl der Elemente, die zur Bildung von 10000 verschiedenen Größen nötig ist, ist abhängig von der maximalen Menge und Anzahl der Blöcke in einem Summenmaß (s. Abschn. 44). Man muß die spezifische Eigenschaft der Endmaße berücksichtigen, nämlich die Tatsache, daß sehr dünne Blöcke von 0,01 mm bis 0,5 mm schwer zu bauen und unpraktisch beim Gebrauch sind. Darum baut man statt sehr dünner Blöcke die Blöcke mit 0,01 mm Stufensprung, aber mit konstanter Zusatzgröße, z. B.:

1,01 1,02 ... usw. (manchmal ist der dünnste Block 0,5 mm).

Beispiel. Ein Satz aus höchstens drei Elementen im Bereich 0,01 ... 100,00

1,01	bis	1,49	insgesamt	49 Blöcke
0,5	„	9,5	„	19 „
10	„	90	„	9 „
				77 Blöcke

Normaler Meßbereich 1 ... 100,99 mm (Schr. 9).

Theoretisch wäre hier der Stufensprung $n = \left\{ \sqrt[3]{10000} \right\} = 22$. Der besseren Addierbarkeit wegen hat man hier $n = 25$ genommen. Eine etwas abgerundete Reihe mit Zusatz für kleine Blöcke wäre

1,01	1,02 ...	1,024	24 Blöcke
0,25	0,5 ...	4,75	19 „
5	10 ...	95	19 „
	insgesamt		62 Blöcke

Diese Reihe ist leicht addierbar, besitzt aber den Nachteil, daß sie zu dünne Blöcke führt (0,25 0,5 0,75).

Man kann die Reihe 0,25 0,5 ... um das Zusatzmaß 1 mm verstärken, wenn erst von 2 mm ab eine ununterbrochene Reihe gebraucht wird. Man spart dadurch 15 Blöcke ~ 20%. Für die Bildung der Blöcke mit der Genauigkeit von 1 μ ist noch eine zusätzliche Reihe nötig.

1,001 1,002 1,003 ... 1,009, insgesamt 9 Blöcke.

Der so erweiterte Satz hat insgesamt $77 + 9 = 86$ Blöcke, und jede Größe im μ-Bereich ist mit höchstens 4 Blöcken bildbar. Es besteht noch eine andere Möglichkeit, einen Satz für den Bereich 0,001—100 mm, insgesamt 100000 bei einer Höchstzahl von 4 Blöcken zu bilden. Die mathematische Bestlösung unter Berücksichtigung der Addierbarkeit für den Bereich 1,000 bis 0,001 je zweier Blöcke ist $n = \{\sqrt[2]{1000}\} = 32$ und dazu Einer- und Zehner-Blöcke im Bereich 1 bis 100 mm. Wegen der Addierbarkeit rundet man n auf 50 auf.

Der Satz wäre dann

1,001	...	1,049	49 Blöcke
1,05	...	1,95	19 „
1	...	9	9 „
10	...	90	9 „
			86 Blöcke

Ebenfalls 86 Blöcke hat der früher behandelte Satz, der von den Hommel-werken, Mannheim, stammt.

1,001	...	1,009
1,01	...	1,49
0,5	...	9,5
10	...	90

Für die Auswahl, die ein zur mathematischen Lösung hinzukommendes technisch-wirtschaftliches Problem ist, gelten folgende Gesichtspunkte: 1. Zahl der Endmaße (Blöcke), 2. Summe der Blöcke, 3. die bequeme Darstellung der Summenmaße, 4. möglichst häufige mehrfache Bildbarkeit.

48 Additiv-subtraktive Größen.

Die Anzahl der Elemente für den Bau einer bestimmten Summengröße kann sehr verringert werden, wenn die Elemente nicht nur addiert, sondern auch subtrahiert werden können. Ein solcher Vorgang ist z. B. beim Wägen auf doppelarmigen Waagen möglich. Es gibt auch andere Gebiete, in denen additiv-subtraktive Kombinationen auftreten können (z. B. die Übertragung der Geschwindigkeit mit Hilfe der Hebelsysteme.) Die Untersuchung der additiv-subtraktiven Größen ist auch deshalb wichtig, weil diese Größen als Hochzahlen (Exponenten) in multiplikativen Reihen erscheinen und darum in den Getriebekombinationen entscheidende Bedeutung haben.

Für eine additiv-subtraktive Reihe, in der jedes Element m mal vorhanden ist, gilt folgende Regel: Die Differenz zwischen einem Element a_{k+1} und der Summe S_k aller vorangehenden Elemente — jedes m mal genommen — muß um 1 größer sein als diese Summe S_k, also:

$$a_{k+1} - m \cdot (a_1 + a_2 + \cdots + a_k) = m \cdot (a_1 + a_2 + \cdots + a_k) + 1, \quad \text{oder:}$$

$$a_{k+1} = 2\,m \cdot (a_1 + a_2 + \cdots + a_k) + 1.$$

(Bei größerem a_{k+1} entständen Lücken im gebildeten Bereich, ein kleineres a_{k+1} bedeutete Wiederholung derselben Kombinationsgrößen und daher Vergeudung.)

Mit $a_1 = 1$ ergeben sich die weiteren Elemente zu $a_2 = 2\,m + 1$,

$$a_3 = 2\,m\,(a_1 + a_2) + 1 = 2\,m\,(2\,m + 2) + 1 = (2\,m + 1)^2,$$

und allgemein beweist man durch vollständige Induktion:

$$a_n = (2m + 1)^{n-1}, \quad (n = 1, 2, \ldots).$$

Für den Sonderfall $m = 1$ ergibt sich

$$a_n = 3^{n-1}, \quad (n = 1, 2, \ldots),$$

und die Reihe lautet:

$$1, \ 3, \ 9, \ 27, \ \ldots$$

Hieraus wird die natürliche Zahlenreihe wie folgt gebildet:

$$1 \quad 3-1=2 \quad 3 \quad 3+1=4 \quad 9-(3+1)=5 \quad \text{usw.}$$

Lassen wir jedes Element doppelt vorkommen, also $m = 2$ und $a_1 = 1$, dann wird

$$a_2 = 5 \quad a_3 = 5^2 \quad a_n = 5^{n-1};$$

die Reihe lautet 1 1 5 5 25 25 usw., und die natürliche Zahlenreihe entsteht so:

$$1 \quad 1+1=2 \quad 5-1-1=3 \quad 5-1=4 \quad 5 \quad 5+1=6 \quad \text{usw.}$$

So können wir weitere Reihen mit immer weniger verschiedenen Elementen bilden, wenn wir die einzelnen immer häufiger vorkommen lassen, z. B. mit $m = 3$ und $a_1 = 1$ wird $a_2 = 7$, $a_n = 7^{n-1}$.

Die Reihe lautet 1 1 1 7 7 7 49 49 49 usw.

Es ist nicht schwer zu erkennen, daß die Dreier-Reihe die sparsamste Reihe der additiv-subtraktiven Größen ist. Die größte bildbare Zahl bei n Elementen (letztes Glied 3^{n-1}) ist

$$S = \frac{3^n - 1}{2}.$$

Um die Anzahl aller subtraktiv-additiven Kombinationen zu ermitteln, schreiben wir alle Glieder der Elementen-Reihe nieder und versehen jedes Glied mit drei Zeichen $\overset{+}{_{0}}{}^{-}$:

$$\overset{+}{_{0}}{}^{-} a_1, \ \overset{+}{_{0}}{}^{-} a_2, \ \overset{+}{_{0}}{}^{-} a_3, \ \ldots \overset{+}{_{0}}{}^{-} a_n.$$

Diese Zeichen erschöpfen alle drei Möglichkeiten: für die Bildung einer Summengröße ist das Glied entweder positiv oder negativ oder überhaupt nicht zu verwenden. Alle Kombinationen dieser Zeichen liefern uns alle Komplexionen vom absolut größten negativen Wert $-\sum\limits_{i=1}^{n} a_i$ bis zum größten positiven $+\sum\limits_{i=1}^{n} a_i$.

Wir können alle diese Kombinationen als Variationen mit Wiederholungen dieser 3 Zeichen in n Stellen betrachten mit der Gesamtzahl

$$3^n - 1$$

(eine Kombination besteht aus lauter Nullen und fällt aus, darum -1).

Das oben betrachtete größte Glied $\dfrac{3^n-1}{2}$ macht gerade die Hälfte aller Möglichkeiten aus. Da nun jedem positiven Wert ein entgegengesetzt gleicher negativer gegenübersteht, so haben wir mit positiven wie mit negativen die gleiche Anzahl als 3^n-1, und kein Wert kommt doppelt vor. Man kann beweisen, daß in der subtraktiv-additiven Dreier-Reihe Doppelbildung der Werte ausgeschlossen ist[1], ferner daß gemäß der Definition der additiv-subtraktiven Reihen Lücken ausgeschlossen sind.

Aus allen diesen Tatsachen ist klar, daß alle möglichen Kombinationen der Dreier-Reihe eine lückenlose natürliche Zahlenreihe

$$\text{von } 0 \text{ bis } \pm \frac{3^n-1}{2} \text{ bilden.}$$

Wir überprüfen nun die additiv-subtraktiven Reihen unter den Gesichtspunkten, die wir bei der Kritik der additiven Reihen kennenlernten, nämlich verwertbarer Überschuß und begrenzte Bausteinanzahl.

481 Verwertbarer Überschuß.

Mit Hilfe der additiv-subtraktiven Dreier-Reihe kann man die Größen 1 bis 10 aus nur drei Elementen bauen, nämlich aus 1 3 9, und dabei entsteht ein Überschuß: $1+3+9-10=3$. Danach sind folgende Abwandlungen der Reihe 1 3 und 9 möglich:

$$\left.\begin{array}{ccc} 1 & 2 & 6 \\ 1 & 3 & 5 \end{array}\right\} \text{ für Zahlen bis 9 einschließlich}$$

$$1 \quad 3 \quad 6 \quad \text{ für die Zahlen bis 10.}$$

Im allgemeinen soll in der additiv-subtraktiven Reihe die Summe der Abzüge von den kleineren Gliedern nicht größer als die Hälfte des Abzuges von dem nächst größeren Glied minus 1 sein.

Darum können auch die neuen additiv-subtraktiven Reihen durch den Abzug einer verschobenen Dreier-Reihe von einer Dreier-Reihe gewonnen werden.

$$\begin{array}{lrrrrr} & 1 & 3 & 9 & 27 & 81 \\ \text{abzügl.} & & 1 & 3 & 9 & 27 \\ \hline & 1 & 2 & 6 & 18 & 54 \end{array}$$

oder bei Verschiebung der 2. gegenüber der 1. Reihe um 2 Glieder:

$$1 \quad 3 \quad 8 \quad 24 \quad 72 \quad \text{usw.}$$

---

[1] Rechnet man eine natürliche Zahl z nach Abschn. 313 ins Dreiersystem um, nimmt aber als „Ziffern" jetzt die Elemente $0, +1, -1$, so gilt wieder die dortige Eindeutigkeitsaussage (s. u. Abschn. 483).

482 Begrenzte Summandenzahl.

Auch hier ist dieses Problem wichtig, z. B. wenn Zahnradübersetzungen nur höchstens mit zwei oder drei Zahnräderpaaren gebildet werden. Entsprechend den additiven Größen können nicht nur gleiche n Elemente in den geometrischen Reihen mit den Stufensprüngen $\varphi = 3, 5, 7$ oder 9 usw. vorkommen, sondern sie können wie in einfachen Zahlensystemen die Größen der Ziffern mal Stellenwert annehmen.

Zum Beispiel die Reihe 1 7 49 ... können wir als Zahlensystem mit der Grundzahl 7 betrachten.

In diesem Falle gilt, wenn m die Anzahl der Elemente in der ersten lückenlosen Gruppe von 1 ab ist, $2m + 1 = 7$, $m = 3$, und die nötigen Elemente zur Bildung des erwünschten Bereiches wären

$$1 \quad 2 \quad 3, \quad 7 \quad 14 \quad 21, \quad 49 \quad 98 \quad 147 \quad \text{usw.}$$

Dieses Beispiel zeigt, wie eine additiv-subtraktive Reihe für die Bildung aller Größen aus höchstens k Elementen gefunden wird.

Wie in Abschn. 44 findet man zunächst das normale Zahlensystem

$$n_1 = \left\{ \sqrt[k]{N} \right\}$$

$$\text{und} \qquad 2n + 1 \geq n_1 \qquad n = \left\{ \frac{n_1 - 1}{2} \right\}.$$

Hier ist n_1 Stufensprung der geometrischen Reihe und n die Anzahl der Ziffern der additiv-subtraktiven Reihe.

Wegen der Eigenschaft der additiv-subtraktiven Reihen, die Grenzzahlen durch Subtraktion von noch größeren zu bilden, bekommen wir mit der erwähnten Methode ungefähr nur die Hälfte des erwünschten Zahlenbereiches. Um den ganzen Bereich auszuschöpfen, muß bei der Ausrechnung von n_1 N doppelt genommen werden. Das zeigen die hier gegebenen Beispiele.

1. Beispiel. Es sollen im Bereich 1—100 alle Größen mit einer additiv-subtraktiven Reihe aus nicht mehr als $k = 2$ Elementen gebildet werden.

$$n_1 = \sqrt{100} = 10$$
$$2n + 1 = 10 + 1, \quad n = 5.$$

Die Elemente sind

1	10
2	20
3	30
4	40
5	50

und folgende Zahlen sind bildbar:

$$1 \quad 2 \quad 3 \quad 4 \quad 5 \quad 10{-}4 \quad 10{-}3 \quad 10{-}2 \quad 10{-}1 \quad 10$$
$$10{+}1 \quad 10{+}2 \quad \dots \quad 40{+}1 \quad 40{+}2 \quad \dots \quad 50{-}3 \quad 50{-}2$$
$$50{+}4 \quad 50{+}5.$$

Um den ganzen positiven und negativen Bereich zu erreichen, setzen wir

$$N_1 = 2N = 200, \qquad n'_1 = \left\{\sqrt{200}\right\} = 15$$

$$n' = \frac{15 - 1}{2} = 7.$$

Sind die Elemente 1 2 3 4 5 6 7 ... 15 30 45 60 75 90 105, dann sind alle Größen bis $105 + 7 = 112$ aus *nur zwei Elementen* zu bilden.

Hier ist die Zahl der Elemente $= 14$. Im additiven System wäre sie $9 + 9 = 18$.

2. Beispiel. Der Bereich $N = 60$, $k \leqq 3$. (Für unsere Beispiele wählen wir kleine Bereiche, weil die additiv-subtraktive Reihe wegen ihrer rechnerischen Handhabung in der Praxis nur in kleineren Bereichen Bedeutung hat.)

$$N_1 = 2N = 2 \cdot 60 = 120 \qquad n_1 = \left\{\sqrt[3]{120}\right\} = 5$$

$$n = \frac{5 - 1}{2} = 2.$$

Die Reihe lautet 1 2 5 10 25 50; Elementenanzahl $= 6$; Höchstzahl der lückenlosen Reihe $2 + 10 + 50 = 62$.

Diese Beispiele zeigen, daß bei Anwendung der additiv-subtraktiven Reihe die Elementenanzahl bei Gleichbleiben aller anderen Bedingungen im Vergleich mit dem rein additiven System sich um etwa $^1/_3$ verringert. Entsprechend den additiven Größen nutzen die als Zahlensysteme additiv-subtraktiv gebauten Reihen nur einen Teil der möglichen Kombinationen aus. Auch hier können die rein kombinatorischen Reihen eine gewisse praktische Bedeutung haben.

483 Zahlensysteme mit negativen und positiven Ziffern.

In Abschn. 41 wurde bewiesen, daß die additiven Größen an Zahlensysteme angeschlossen werden können. Umgekehrt können wir den Schluß ziehen, daß auch additiv-subtraktive Zahlensysteme analog zu normalen Zahlensystemen gebaut werden können, in denen alle Ziffern positiv oder negativ vorkommen können.

Solche Systeme können gewisse Vorteile haben, weil hier entweder die Ziffernanzahl um die Hälfte verringert sein kann oder weil man mit derselben Ziffernanzahl ein neues System bilden kann, das die Grundzahl $(2n - 1)$ hat, wenn die alte Grundzahl n ist. Solche Systeme können praktisch bei der Rechenmaschine angewendet werden, weil hier der Nachteil der Plus- und Minusziffern sich so auswirkt, daß Addition und Subtraktion ein und derselbe gemischte Vorgang werden. Ähnliche Züge bekommen auch die Multiplikation und die Division. Allerdings können diese Systeme in der normalen Rechenmaschine kaum angewandt werden, weil die Zahlräder dem Plus- oder Minuswert der Ziffern entsprechend nicht dieselbe Drehrichtung haben.

Das einfachste additiv-subtraktive System ist das $+1$ 0 -1-System, das der Dreier-Reihe entspricht.

Dieses System ähnelt äußerlich dem Dualsystem $(n = 2)$, weil hier nur 2 absolute Werte, nämlich 0 und 1 benutzt werden. Im Grunde ist das ein System mit der Grundzahl 3, weil hier in jeder Stelle $2n-1=3$ Werte vorkommen können: $+1$, -1 und 0.

Bezeichnen wir $-1 = T$, $0 = 0$, $+1 = 1$ und wenden wir in dieser Reihenfolge auf unser System die übliche Regel an, dann erhalten wir eine wie folgt aussehende natürliche Zahlenreihe:

1, $1T$, 10, 11, $1TT$, $1T0$, $1T1$, $10T$, 100, 101, $11T$, 110, 111 usw.

(Vgl. mit Abschn. 48 die Reihe 1, 3, 9, ... und die Bildung der Zahlenreihe!)

Dieses Zahlensystem hat $^1/_3$ weniger Zahlenstellen als das Dualsystem.

Alle arithmetischen Handlungen können hier auf dem üblichen Weg erledigt werden nach der Festlegung der einfachsten Vorgänge.

$$1+T=0 \quad 1+1=1T \quad T+T=T1 \quad 1+1+1=10 \quad T+T+T=T0$$
$$1\times 1=1 \quad 1\times T=T \quad T\times T=1$$

Beispiel.

$$
\begin{array}{r}
1\ T\ T\ T \\
1\ T\ T\ T \\
\hline
T\ 1\ 1\ 1 \\
T\ 1\ 1\ 1 \\
T\ 1\ 1\ 1 \\
1\ T\ T\ T \\
\hline
1\ T\ 1\ 1\ T\ 1
\end{array}
\qquad
\begin{array}{r}
\text{identisch mit}\quad 14 \\
\times\, 14 \\
\hline
196
\end{array}
$$

Zur Kontrolle diene das Einsetzen der aus der additiv-subtraktiven Dreier-Reihe bekannten Werte in die einzelnen Stellen, und zwar für 1 positiv, für T negativ:

$$
\begin{array}{cccccc}
1 & T & 1 & 1 & T & 1 \\
+243 & -81 & +27 & +9 & -3 & +1 = 196.
\end{array}
$$

Dieses System kann ebensogut dort angewandt werden, wo das Dualsystem vorteilhaft ist. Auch mag es in elektrischen und Elektronenröhren-Rechenmaschinen gewisse Vorteile bringen. Jedenfalls wird man gut daran tun, bei der Entscheidung über die *Grundnormen* solcher Maschinen sich zu vergewissern, daß man alle in Betracht kommenden Kombinationssysteme vorliegen hat, aus denen dann die Auswahl getroffen wird. Die Plus-Minus-Ziffern können in jedem Zahlensystem, auch im Zehnersystem, angewandt werden.

Solche Systeme sind auch *im Nummernwesen* anwendbar. Es wäre dann vorteilhaft, die negativen und positiven Ziffern durch verschiedene Farben zu unterscheiden (üblich ist für positiv schwarz und für negativ rot).

Mit der Benutzung des in Abschn. 34 vorgeschlagenen 60er Buchstaben-Zahlen-Nummern-System zusammen mit roten und schwarzen Zeichen (plus, minus) könnte man Zahlen bis zu 1 727 999 mit nur drei Stellen bezeichnen.

49 Multiplikative Größen.

Multiplikative Größen sind solche Einzelgrößen, die als Faktoren verschiedene erforderliche Produkte bilden können. Ihre Betrachtung wird in den Abschn. 4 „Additive Größen" einbezogen, weil ihre Logarithmen den gleichen Gesetzen wie jene folgen. Meistens kommen die multiplikativen Größen in der Technik bei Übertragung der Geschwindigkeiten, insbesondere der Drehbewegungen, vor. Sie können überall dort erscheinen, wo Vergrößerungen oder Verkleinerungen im Verhältnis zu der ursprünglichen Größe vorgenommen werden. Zweck der multiplikativen Größen ist, mit einer *möglichst kleinen Anzahl von bequemen Größen möglichst viele nötige Produkte zu bilden.*

Die theoretische Kombinationslehre beschäftigt sich beinahe ausschließlich mit Kombinationen und Variationen, worin die Glieder in einer Komplexion miteinander multipliziert sind, unter der Bedingung, daß alle Komplexionen dasselbe Produkt zeigen. Einige praktische Anwendungen der multiplikativen Größen erfordern die umgekehrte Fragestellung: Wieviele verschiedene Produktmöglichkeiten kann eine Anzahl gegebener Elemente geben. Dabei bleibt es das Ziel, mit einer bestimmten Anzahl von Elementen die Höchstzahl der Produktkombinationen zu bilden.

Diese multiplikativen Kombinationen sind Kombinationen im engeren Sinne, weil sich das Produkt bei der Umstellung der Faktoren nicht ändert. Die Höchstzahl der Kombinationen wird dann erzielt, wenn die vorkommenden Elemente keine gleichen Faktoren in sich haben. Diese Bedingung schließt die Möglichkeit aus, daß zwei oder mehrere gleiche Kombinationsprodukte entstehen können. In diesem Fall ist die Anzahl der möglichen Produkte aus einer bestimmten Anzahl von Elementen mit der normalen Kombinationsformel auszudrücken.

$$K = C_n^1 + C_n^2 + C_n^3 \cdots C_n^m,$$

wenn die Höchstzahl der Faktoren auf m begrenzt ist, und

$$K = 2^n - 1,$$

wenn die größte Anzahl der Faktoren gleich der Zahl der Elemente n sein kann.

491 Die ganzzahligen Elemente und die Bildung einer natürlichen Zahlenreihe.

Der wichtigste Faktor ist 2, der nächste ist 3, weiter 4 (nicht wieder 2, weil wir aus zwei gleichen Elementen nur zwei Möglichkeiten 2 und $2 \cdot 2 = 4$ haben, dagegen aus 2 und 4 — 2,4 und 8), dann 5.

Diese 4 Elemente geben insgesamt

$$K = 2^4 - 1 = 15 \text{ Produkte, nämlich}$$

$$2 \quad 3, 4, 5 \quad 6, 8, 10 \quad 12, 15, 20, 24 \quad 30, 40, 60, 120.$$

Als nächster Faktor fällt 6 aus, weil er schon als Kombination besteht. Weiter kommt 7, dann 9 usw., d. h. die Reihe der Faktoren ist eine Reihe der Primzahlen und ihrer Potenzen mit den Exponenten 1 2 4 8, die der Verdopplungsreihe folgen.

Wegen der konstruktiven Einfachheit wird oft dasselbe Element mehrfach in ein multiplikatives Größensystem aufgenommen. Die Anzahl der Kombinationsmöglichkeiten wird dadurch aber stark vermindert, weil dann Kombinationen mit Wiederholung aus einer geringeren Anzahl von Elementen in Betracht kommen (vgl. Abschn. 213). Beispielsweise kann man aus den 6 Elementen

$$222 \quad 333$$

nicht 63, sondern nur 15 voneinander verschiedene Produkte bilden.

Die ganzzahligen multiplikativen Systeme sind nur ein Sonderfall. Das typische Gebiet der multiplikativen Systeme ist die Übertragung der Drehgeschwindigkeiten mit Hilfe von Zahnrädern, Treibriemen usw. Das Verhältnis zwischen zwei Drehgeschwindigkeiten ω_1 und ω_2 kann sein:

$$i = \frac{\omega_2}{\omega_1} = \frac{R_1}{R_2} \lessgtr 1 \; .$$

492 Divisionskombinationen.

Bei der Übertragung der Geschwindigkeiten können ebenso leicht die Divisionskombinationen vorkommen wie die multiplikativen Kombinationen. Eine gewisse Drehbewegungsübertragung ist relativ als eine multiplikative Kombination oder als eine Divisionskombination zu betrachten. Die Einbeziehung der Divisionskombinationen vergrößert die Zahl der möglichen Kombinationen sehr bedeutend, z. B. aus vier Elementen a, b, c, d kann man bilden:

$$2^4 - 1 = 15 \text{ rein multiplikative Kombinationen,}$$

$$a \quad b \quad c \quad d \quad ab \quad ac \quad ad \quad bc \quad bd \quad cd \quad abc \quad abd \quad acd \quad bcd \quad abcd = 15$$

bei Hinzunahme der Division ergeben sich insgesamt 80 Kombinationen.

Sind n voneinander verschiedene Elemente a_1, a_2, ..., a_n je einmal vorhanden, so kann man alle durch Multiplikation und Division entstehenden Kombinationen in der Gestalt

$$a_1^{x_1} a_2^{x_2} \cdots a_n^{x_n}$$

schreiben, wobei die Exponenten $x_i (i = 1, \ldots, n)$ unabhängig voneinander die Werte 0, $+1$ und -1 annehmen können und die Kombination $x_1 = x_2 = \cdots = x_n = 0$ auszuschließen ist. Das gibt

$$N_n = 3^n - 1$$

Möglichkeiten. Unter diesen finden sich die $2^n - 1$ reinen Multiplikationskombinationen und die gleiche Anzahl derjenigen Quotienten, deren Zähler gleich 1 ist. Erfordert es eine spezielle Anwendung, diese Sonderfälle außer Betracht zu lassen, so bleibt als restliche Anzahl noch übrig:

$$N'_n = 3^n - 1 - 2(2^n - 1) = 3^n - 2^{n+1} + 1.$$

Die Elemente $a\ b\ c\ d$ können hier als Übertragungszahlen oder als Zahnräder verstanden werden.

Im zweiten Falle wären nicht alle Kombinationen möglich, weil man zur Übertragung der Drehgeschwindigkeit Räderpaare braucht.

493 Drehzahlreihen.

Es ist eine bekannte Tatsache, daß viele genormte Gegenstände, wenn sie in verschiedenen Größen vorkommen, nach *geometrischen Reihen gestuft* sind, die günstige Anwendungsmöglichkeiten für multiplikative Größen geben.

Der Bereich der nötigen Drehzahlen, z. B. in Werkzeugmaschinen (s. a. Abschn. 632), ist nach geometrischen Reihen mit dem Stufensprung φ geordnet. Meistens sind das Normungszahlenreihen mit einem der Stufensprünge 1,12   1,25   1,4   1,6 und 2.

Im allgemeinen hat die Normungszahlenreihe die Form

$$\varphi^1, \varphi^2, \varphi^3, \varphi^4, \ldots \varphi^n,$$

wenn das erste Glied gleich dem Stufensprung φ ist. Die Suche nach den multiplikativen Elementen, die für den Bau einer geometrischen Reihe in einem bestimmten Bereich erforderlich sind, kann hier auf eine additive Aufgabe für die Exponenten reduziert werden. Zum Beispiel können mit den Hochzahlen 1 2 4 alle Größen von der ersten bis zur siebenten Potenz gebildet werden.

$$\varphi^1; \ \varphi^2; \ \varphi^1 \cdot \varphi^2; \ \varphi^4; \ \varphi^1 \cdot \varphi^4; \ \varphi^2 \cdot \varphi^4; \ \varphi^1 \cdot \varphi^2 \cdot \varphi^4.$$

Das ist eine wesentliche Erleichterung des ganzen Problems, und es können alle Untersuchungen der additiven Größen hier Anwendung finden.

Die Einbeziehung von Getriebepaaren mit Zähnezahlverhältnissen $\dfrac{Z_1}{Z_2} \lessgtr 1$, d. h. die Division der Drehzahlen verwandelt die Aufgabe zu einer additiv-subtraktiven. Die Unterlage dafür gibt die oben ausgeführte mathematische Analyse solcher Reihen. Ein anschauliches Beispiel hierfür liefert BERG (Schr. 1). Eine ausführliche Darstellung findet sich auch bei KIENZLE (Schr. 3).

5 Kombinationen
in den Verkehrsnormen „Sprache" und „Schrift".

Die hochentwickelten Sprachen haben 60000—100000 Wörter und einen Teil dieser Vielzahl noch in veränderlichen Formen (Deklination, Konjugation usw.). Eine systematische Beherrschung einer solchen Menge ist nur mit Hilfe von Kombinationen möglich.

Um den geistigen Verkehr zu gestalten und um im Gedanken-austausch zu stehen, brauchen wir gewisse Vermittler, weil wir zu un-mittelbarem Gedankenaustausch nicht fähig sind. Solche Vermittler enthalten die vereinbarte Verschlüsselung der Begriffe; es sind die ge-sprochenen und geschriebenen Worte und Zeichen.

Im Wesen unterscheiden sich Sprachen, Schriften, geheime Chiffren und Codes nicht. Nur sind die ersteren öffentlich bekannte Normen, während die letzteren nur für eine kleine Anzahl Vertrauter gelten.

In der Verschlüsselung der Begriffe tritt das wirtschaftliche Prinzip besonders hervor. Die Begriffe müssen mit kleinstem Aufwand an Mitteln und Zeit übertragen werden. Außerdem muß das Verschlüsselungs-system so gestaltet und so den psychologischen Eigenschaften des Menschen angepaßt sein, daß eine schnelle und leichte Erlernung des Systems möglich ist. Die Übertragung der Gedanken und Begriffe ist immer mit Bewegung verbunden. In einer Art der Verschlüsselung be-wegt sich der Sender (z. B. Sprechen, Signalisieren, Telegraphieren), und der Empfänger befindet sich in Ruhe. In anderen Fällen ruht der Sender, und der Empfänger bewegt sich, so das Buch und die Augen des Lesers. Das bedeutet, daß hier die Kombinationen kinetischen Charakter haben und daß Permutationen möglich sind. Als die leistungsfähigsten der ein-fachen Kombinationsarten werden hier meistens Variationen mit Wieder-holung gebraucht.

51 Allgemeines über Sprachen und Schriften.

Wenn für die Verschlüsselung aller hunderttausend Begriffe nur zwei Elemente angewandt würden, dann hätten wir

$$100000 = 2^{n+1} - 2 \quad \text{(Summenformel für Variationen mit Wiederholung aus } n \text{ Stellen),}$$

$$n = 15{,}6 \approx 16 \quad n = \text{Höchstzahl der Elementen}stellen \text{ für einen Begriff.}$$

Das bedeutet, daß die Hälfte aller Begriffe 16 Elemente, ein Viertel aller Begriffe 15 Elemente usw. hätten. Die umgekehrte Aufgabe, wie groß die Höchstzahl der nötigen Elemente sein müßte, um 100000 Begriffe mit höchstens 5 Stellen zu bauen, ergibt

$$\frac{n\,(n^m-1)}{n-1} = 100000 = n\,(n^5-1)$$

$$n^6-100001\,n+100000=0$$

$$n=9{,}8\approx 10.$$

Das heißt, daß für eine Sprache mit Worten, die nicht mehr als 5 Buchstaben haben, ein Vorrat von 10 Buchstaben reichen könnte. In einer Sprache gibt es aber durchschnittlich 22 bis 26 Buchstaben. Der Grund ist, daß nicht alle denkbaren Kombinationen brauchbar sind, weil die Zusammensetzung der Buchstaben zu Wörtern wieder eigene Gesetze hat. Kombinationen aus Konsonanten sind sehr begrenzt, Wiederholung der Buchstaben hintereinander außer Verdopplungen ist ausgeschlossen. Andererseits besitzen die Wörter selten mehr als 10 Buchstaben. So gibt die erwähnte Zahl der Buchstaben (d. h. Zeichen für Vokale und Konsonanten) eine ausreichende Zahl von Kombinationen für hunderte von verschiedenen Sprachen.

Die Statistik der in den Sprachen gebrauchten Buchstaben zeigt, daß nicht alle Buchstaben gleich oft gebraucht sind. In den westeuropäischen Sprachen umfassen 14 Buchstaben 85 bis 95% aller gebrauchten Buchstaben, d. h. die Zahl der am häufigsten gebrauchten Buchstaben ist nicht weit entfernt von der oben gegebenen theoretischen Lösung bei höchstens 5 Buchstaben für jedes Wort. Eine weitere Analysierung der Eigenschaften der Sprachen ist nicht unser Ziel. Im Rahmen dieser Arbeit ist nur die Analyse der technischen Mittel im Bereich des Gedankenverkehrs wichtig.

Die kleine Anzahl der möglichen Vokale und Konsonanten (Buchstaben) läßt eine bequeme Verschlüsselung der Buchstaben mit einer geringen Anzahl von Elementen zu. Um 26 Buchstaben mit der geringsten Anzahl von Elementen $a=2$ zu verschlüsseln, braucht man nur 4 Stellen, da $2^{4+1}-2=30$ ist.

Auf diese Weise entsteht eine doppelte Verschlüsselung der Begriffe. Eine Ersparnis an den Elementenstellen wird dabei nicht erreicht. Die durchschnittliche Zahl der Buchstaben in einem Wort multipliziert mit der durchschnittlichen Zahl der Elemente in einem Buchstaben gibt wieder dieselbe Anzahl von 15 bis 16 Elementen in einem Begriff (bei 100000 Begriffen). Die Ersparnis ist hier systematischer Natur.

Die Sprache ist eine unbewußt entstandene Norm, die Schrift dagegen ist eine bewußte Erfindung. Vom normentechnischen Betrachtungspunkt gesehen, ist unser Schriftzeichensystem nicht vollkommen. Es wäre leicht möglich, Schriftzeichen zu finden, die ein viel schnelleres

Schreiben ermöglichen. (Schon eine oberflächliche Betrachtung zeigt, daß der i-Punkt und der t-Strich die natürliche Schriftbewegung unterbrechen, m und w haben zuviel Elemente usw.)

Desgleichen könnten die Druckzeichen z. B. aus nur 5 verschiedenen Elementen in zwei dicht nebeneinander stehenden Stellen zusammengesetzt sein. Die Zahl der Kombinationen wäre

$$5 \cdot 5 = 25 \text{ zu je zwei Zeichen,}$$
$$5 \text{ zu je ein Zeichen.}$$

(Nicht $5 + 5$, weil sich dieselben Zeichen zweimal wiederholen.) Also insgesamt 30 Buchstaben.

In diesem Falle könnte die einfachste Schreibmaschine aus nur 5 Tasten bestehen (zwei Schläge für jeden Buchstaben) oder 10 Tasten (5 Tasten für jede Hand) bei gleichzeitigem Drücken je einer Taste je Hand. So gebaute Buchstaben wären maschinell leichter zu erfassen, auch das Problem des Lautlesens von Schriften einer Maschine wäre viel leichter zu lösen u. a. m.

Hier ist eine Variante von solchen Beispielen gegeben:

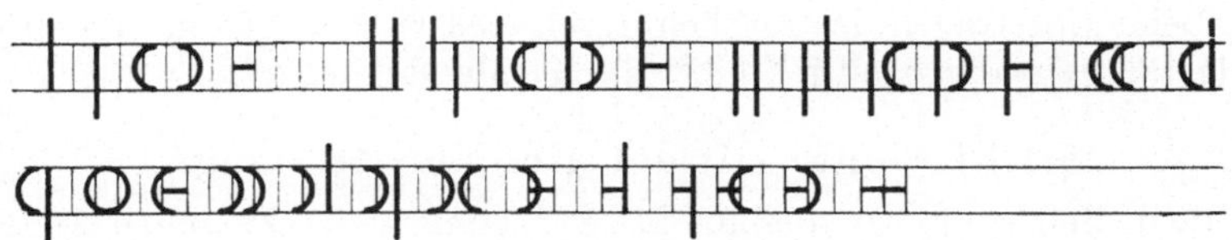

Bild 4. Druckschrift mit 5 Elementen

Daß nur ein Abece (nicht groß und klein) genügt, hat W. PORSTMANN gezeigt.

Die Schriftnormen der meisten Sprachen stehen in großem Widerspruch zu der gesprochenen Sprache, weil die lebendige Sprache sich viel schneller ändert und entwickelt als die geschriebenen Zeichen. Im Prinzip sollte eine in Buchstaben geschriebene Sprache phonetisch sein, d. h. die Buchstaben sollten immer und in jeder kombinatorischen Situation dieselben Laute bedeuten. Manche Sprachen haben sich so weit vom phonetischen Prinzip entfernt, daß ihre Schriftzeichen kaum mehr als systematische Anwendung der Schriftzeichen betrachtet werden können. Hierzu gehört z. B. die englische Sprache. Leider ist die Änderung einer so verbreiteten Verkehrsnorm mit ungeheuren Schwierigkeiten verbunden; daß sie nicht unmöglich ist, zeigt die amerikanische Bewegung des „Simplified Spelling“, das z. B. through durch thru ersetzt.

52 Einfachste Telegraphiesysteme.

Wie schon erwähnt, kann man alle Buchstaben durch nur zwei Elemente bestimmen und mit Benutzung der Kombinationen mit Wiederholung reichen für 30 Buchstaben höchstens 4 Elementenstellen. Diese Elemente können verschiedenartig wahrgenommen werden, z. B. durch Sehen, Hören oder Tasten. Beim Hören z. B. könnten zwei verschiedene Töne oder zwei verschiedene Geräusche die Elemente sein oder auch zweimal der gleiche Ton, der sich nur durch seine Länge vom anderen (kinetisch) unterscheidet. Im zweiten Falle muß der Zeitverbrauch größer sein, weil das eine Element länger sein muß als das andere. Zwei solche Elemente können durch zwei Drähte mit einer Stromart geschickt werden, Stromimpulse können als Schriftzeichen oder als Schall wahrgenommen werden. Die einfachste Übertragungsmöglichkeit durch Leitungen hat zum Punkt-Strich-System (Morsesystem) geführt. Dasselbe System ist auch in der optischen Übertragung am einfachsten.

Bei optischer Telegraphie gibt es noch eine andere kinetische Möglichkeit; man kann zwei verschiedene Zeichen mit derselben Zeitdauer anwenden und als drittes Element beide Zeichen auf einmal. Daher haben wir schon bei höchstens drei Elementen in Kombinationen $3 + 9 + 27 = 39$ Zeichen. Dasselbe gilt bei elektrischen Rufanlagen mit zwei verschiedenfarbigen Glühbirnen.

Beim Übertragen der Zeichen durch elektrischen Strom, das in der Telegraphie maßgebend ist, gibt es folgende Möglichkeiten:

521 Elemente mit der gleichen Zeitlänge.

Beide Zeichen haben dieselbe Länge (Zeitelement). Zwischen den Elementen ist eine Zeitpause gleich dem Zeichenelement. Beide Zeichen müssen dann Unterscheidungsmerkmale haben. Meistens ist $a = +$ -Strom, $b = -$ -Strom. (Es könnten auch verschiedene Strom- bzw. Spannungswerte oder Wechselströme verschiedener Frequenz sein, entsprechend der bekannten Amplitudenmodulation und Frequenzmodulation.)

Graphische Darstellung:

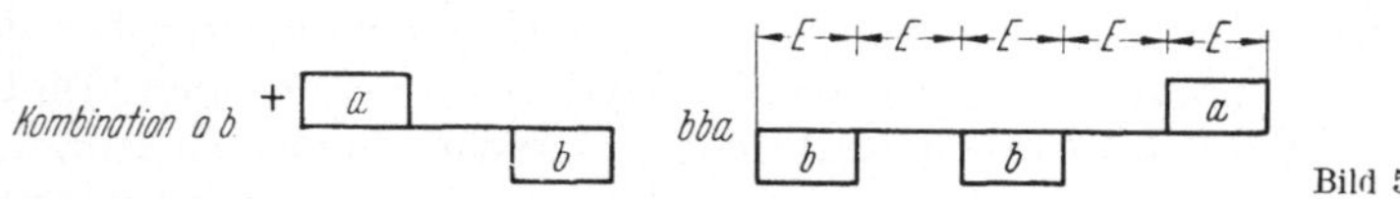

Bild 5

Zeitverbrauch für Kombinationen (Zeiteinheit ist E).

$$
\left.\begin{matrix} a \\ b \end{matrix}\right\} \text{je 1 } E \qquad
\left.\begin{matrix} aa \\ ab \\ ba \\ bb \end{matrix}\right\} \text{je 3 } E \qquad
\left.\begin{matrix} aaa \\ aab \\ \cdots \\ \\ abb \\ bbb \end{matrix}\right\} \text{je 5 } E \quad \text{usw.}
$$

Hier entfällt durchschnittlich auf einen Buchstaben 3,3 E.

522 Elemente mit gleicher Zeitlänge ohne Zwischenzeit.

Wenn beide Stromzeichen a, b verschiedener Stromart sind, kann die Zwischenzeit fortgelassen werden.

Dann haben a und b gleiche Dauer, Zwischenzeit $= 0$, also graphisch:

Der Zeitverbrauch für die Kombinationen entspricht der Zahl der Zeichen.

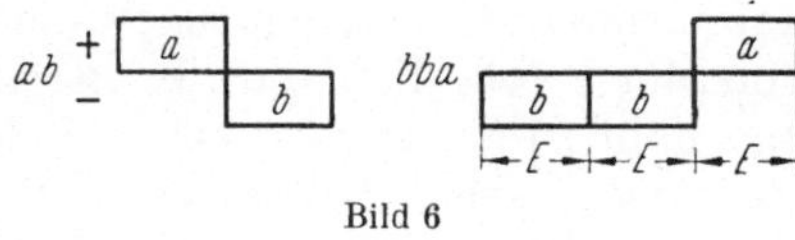

Bild 6

Hier entfallen im Durchschnitt nur 2,5 Zeiteinheiten auf einen Buchstaben.

523 Das Morsesystem.

Beide Zeichen sind gleicher Stromart. Das einfachste System haben wir bei elektrischer oder akustischer Übertragung. Das praktische Verlangen, die beiden Elemente Punkt und Strich (eigentlich kürzeres und längeres Zeichen) genau zu unterscheiden, hat zu folgendem Ergebnis geführt:

Element a — Punkt — eine Zeiteinheit — E,

Element b — Strich — $3 E$.

Zwischenraum — $1 E$.

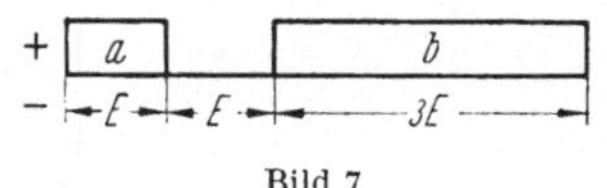

Bild 7

Durchschnittlich entfallen auf einen Buchstaben $8,5 E$.

Morse hat in folgender Weise die Kombinationen auf die Buchstaben verteilt (links sind die Zeichen auch mit a, b wiedergegeben):

a	·	= e
b	—	= t
aa	··	= i
ab	·—	= a
ba	—·	= n
bb	——	= m
aaa	···	= s
aab	··—	= u
aba	·—·	= r
baa	—··	= d
abb	·——	= w
bab	—·—	= k
bba	——·	= g
bbb	———	= o
aaaa	····	= h
aaab	···—	= v
aaba	··—·	= f
abaa	·—··	= l
baaa	—···	= b
aabb	··——	= ü

abab	·—·—	= ä
baab	—··—	= x
abba	·——·	= p
baba	—·—·	= c
bbaa	——··	= z
abbb	·———	= j
babb	—·——	= y
bbab	——·—	= q
bbba	———·	= ö
bbbb	————	= ch
aaaaa	·····	= 5
aaaab	····—	= 4
aaaba	···—·	
aabaa	··—··	
abaaa	·—···	
baaaa	—····	= 6
aaabb	···——	= 3
aabab	··—·—	
ab..b	·—·—	
baaab	—···—	

aabba	··—·	
ababa	·—·—·	
baaba	—··—·	
abbaa	·——·—	
babaa	—·—··	
bbaaa	——···	= 7
aabbb	··———	= 2
ababb	·—·——	
baabb	—··——	
abbab	·——·—	
babab	—·—·—	
abbab	——··—	
abbba	·———·	
babba	—·——·	
bbaba	——·—·	
bbbaa	———··	= 8
abbbb	·————	= 1
babbb	·—···	
bbabb	——·——	
bbbab	———·—	
bbbba	————·	= 9
bbbbb	—————	= 0

Hier sind alle Kombinationen einschließlich der vierstelligen für die Buchstaben verwendet. Die fünfstelligen Kombinationen sind für die Zahlen bestimmt, und der Rest der fünfstelligen Kombinationen kann für andere Zeichen verwendet werden. Die Wirtschaftlichkeit des Zeichensystems verlangt, daß alle kurzen Kombinationen verwendet werden, und daß die kürzesten Kombinationen den am häufigsten vorkommenden Buchstaben zugewiesen werden. Die erste Bedingung wurde von Morse voll, die zweite Bedingung nur teilweise berücksichtigt. Dem am häufigsten in den europäischen Hauptsprachen vorkommenden Buchstaben e hat MORSE einen Punkt zugewiesen, aber andere Buchstabenzeichen zeigen größere Abweichungen von dieser Bedingung.

Als Beispiel sei hier die Häufigkeit der Buchstaben in deutscher, englischer und französischer Sprache in Tausendstel gegeben:

Tabelle 2. *Häufigkeitsverteilung der Buchstaben.*

Deutsche Sprache			Englische Sprache		Französische Sprache	
1	e	179,0	e	107,0	e	210,0
2	n	112,0	t	82,0	a	86,0
3	i	80,0	a	77,8	t	80,0
4	r	75,0	i	75,0	i	77,8
5	a	60,8	s	72,4	n	77,0
6	t	59,0	o	71,8	s	75,2
7	s	57,0	n	71,5	r	73,8
8	h	55,5	h	57,6	u	56,5
9	d	51,2	r	56,1	l	44,0
10	u	40,4	d	41,7	o	51,0
11	l	38,0	l	38,4	d	40,0
12	g	31,5	u	31,7	p	25,1
13	m	26,0	c	29,8	v	23,5
14	o	21,5	m	29,0	c	23,5
15	b	19,0	f	25,1	q	18,8
16	w	18,5	w	20,2	m	18,0
17	f	15,8	y	19,6	b	6,3
18	z	13,6	p	17,9	h	4,7
19	k	11,1	g	17,9	b	3,9
20	v	8,7	v	16,9	j	1,7
21	p	7,0	b	12,8	z	1,6
22	ü	6,4	k	9,4	k	0,8
23	ä	4,8	j	5,9	x	0,8
24	j	3,9	q	5,3		
25	ö	3,8	x	4,9		
26	y	0,3	z	2,3		
27	c	0,1				
28	x	0,1				

Besonders augenfällig ist der große Zeitverbrauch für den Buchstaben o im Vergleich zum Buchstaben k, der kürzere Zeichen hat und viel seltener vorkommt. Eine besonders große Abweichung ist in der englischen Sprache zu finden, obwohl diese zweifellos die meistgebrauchte und meisttelegraphierte Sprache ist.

Eine oberflächliche Ausrechnung, wie sich eine Umwechslung der Buchstaben k, m, i und o in der englischen Sprache auswirken würde, zeigt eine Ersparnis von 100000 Arbeitsstunden im jährlichen Telegrammumsatz. (Vorausgesetzt daß alle Telegramme mit Morsetelegraph übermittelt würden.) Andererseits zeigen die verschiedenen Sprachen große Abweichungen in der Häufigkeit der Buchstaben, und ein sparsames internationales Punkt-Strich-Buchstabensystem kann immer nur eine Kompromißlösung sein. Es hat mit vielen Normen die Eigenart gemeinsam, daß an einzelnen Stellen ein Mehraufwand getrieben wird, damit im ganzen eine Ersparnis eintrete.

Alle in Betracht kommenden Sprachen müßten mit einem Koeffizienten in bezug auf ihre Größe und Wichtigkeit versehen werden und dann eine mittlere internationale Häufigkeitsreihe der Buchstaben mit Hilfe der Koeffizienten und Häufigkeit in den einzelnen Sprachen errechnet werden.

Zur erfolgreichen Übertragung der größeren Zahlen könnte das Zweiersystem verwendet werden. Die Zahlen sollten erst ins Zweiersystem umgewandelt und dann verschlüsselt werden, z. B. Ziffer 0 = Punkt, Ziffer 1 = Strich, Ziffer 2 = —·, Ziffer 3 = — — usf. Für eine vierstellige Ziffer würden durchschnittlich 11,5 Zeichen reichen, beim Morsesystem braucht man dafür $5 \cdot 4 = 20$ Zeichen und 3 Zwischenräume. Zur Zeit hat das Morsesystem wegen der Benutzung des maschinellen Fernschreibers viel an Bedeutung verloren. Die Fernschreibersysteme benutzen Kombinationen der Stromimpulse als Vermittler, daher ist es interessant, dieses Gebiet allgemein zu analysieren.

53 Fernschreibsysteme.

Um von einer normalen Schreibmaschine mit 47 Tasten durch die Leitungen die Zeichen auf eine andere Schreibmaschine zu übertragen, gibt es mehrere Möglichkeiten. Die nächstliegende besteht darin, für jede Taste einen besonderen Stromkreis zu verwenden. Dann genügt für jedes Zeichen ein Stromimpuls. Eine Ersparnis an Leitungen läßt sich aber dadurch erreichen, daß man die zu übertragenden Zeichen durch Kombination mehrerer Elemente (Stromimpulse) entstehen läßt. Diese Elemente können Stromimpulse sein, die voneinander durch verschiedene Länge und Amplitude unterschieden werden können. Sie können entweder zeitlich aufeinander folgen —- dann kommt man grundsätzlich immer mit einem Stromkreis aus — oder sie können gleichzeitig erscheinen, so daß mehrere Stromkreise (oder mehrere Trägerfrequenzen) erforderlich werden. Man kann auch beide Verfahren vereinigen. In jedem Falle wird man untersuchen müssen:

a) die Anzahl voneinander verschiedener Zeichenelemente; b) die notwendige „Stellenzahl" für ein Zeichen; c) den Zeitbedarf für die Übertragung eines Buchstabens; d) den Aufwand an Leitungen bzw. Trägerfrequenzkanälen.

531 Systeme mit zeitlich aufeinanderfolgenden Elementen.

Wenn mit m die Anzahl der voneinander unterscheidbaren Elemente (Stromimpulse) bezeichnet wird, muß man noch angeben, ob der stromlose Zustand als „*Null-Element*“ mitgezählt ist oder nicht. Bildet man die zu übertragenden Zeichen aus diesen Elementen als (zeitliche) Variationen mit unbeschränkter Wiederholung, so erhält man für ein System ohne Nullelement

$$\Phi_m^k = m^k$$

k-stellige Zeichen; bei einem System mit Nullelement ist die aus lauter Nullelementen bestehende Variation auszuschließen, so daß sich die Anzahl der Möglichkeiten auf

$$\Phi_m'^k = m^k - 1$$

vermindert. Werden außer den k-stelligen Zeichen auch diejenigen mit kleinerer Stellenzahl zugelassen, so ergibt sich als Gesamtzahl der Möglichkeiten bei einem System ohne Nullelement

$$S_m^k = m^1 + m^2 + \cdots + m^k = m\,\frac{m^k - 1}{m - 1} = \frac{m^{k+1} - 1}{m - 1} - 1\,,$$

und für ein System mit Nullelement findet man

$$S_m'^k = (m - 1) + (m^2 - 1) + \cdots + (m^k - 1) =$$
$$= m\,\frac{m^k - 1}{m - 1} - k = \frac{m^{k+1} - 1}{m - 1} - (k + 1)\,.$$

Das im Postdienst eingeführte Fernschreibsystem ist ein System aus zwei Elementen mit Nullelement, und es werden alle fünfstelligen Variationen gebildet; die Anzahl der so gebildeten Zeichen ist also $\Phi_2'^5 = 31$. Das dabei benutzte internationale Alphabet, das von dem Neuseeländer Murray vorgeschlagen wurde, ist nach der Häufigkeit der einzelnen Buchstaben in der englischen Sprache geordnet, so daß die am meisten vorkommenden Buchstaben durch Zeichen mit wenigen Stromstößen wiedergegeben werden. Auf diese Weise wird die Beanspruchung der Geräte im Betrieb nach Möglichkeit verringert, es tritt aber keine Zeitersparnis ein, da die Übertragungsdauer doch für alle Zeichen dieselbe ist (Bild 8).

Ließe man neben den Zeichen mit der höchsten Stellenzahl auch kürzere Zeichen zu, so könnte man bei der Stellenhöchstzahl 5 insgesamt $S_2'^5 = 57$ Zeichen bilden, oder man könnte die Stellenhöchstzahl auf 4 herabsetzen und hätte immer noch $S_2'^4 = 26$ Möglichkeiten. Auf den ersten Blick möchte es scheinen, als könnte man auf solche Art viel Zeit sparen. Man muß jedoch folgendes bedenken: Da bei einem System mit Nullelement innerhalb der einzelnen Zeichen Pausen verschiedener Längen auftreten, müßte man Zeichen von ungleichen Gesamtlängen durch besonders lange Pausen deutlich gegeneinander abgrenzen. Im ganzen kommt dann kein Zeitgewinn mehr zustande. Es ist zudem auch nicht zu verkennen, daß ein System mit gleich langen Zeichen für die Konstruktion der Geräte erhebliche Vorteile bietet.

Der Zeitgewinn durch Mitverwendung der kürzeren Zeichen würde erst ausnutzbar, wenn man die Einzelzeichen nicht durch lange Pausen, sondern durch einen besonderen *Trennimpuls* gegeneinander abgrenzte. Da dieser von den anderen Impulsen unterscheidbar sein muß, läuft ein solches Verfahren auf die Einführung eines dritten Elementes hinaus, und man wird sich fragen, ob es dann nicht noch günstiger ist, von vornherein ein System aus drei Elementen (z. B. Plusstrom, Minusstrom, Null) aufzubauen, in dem die Zeichen wieder gleich lang sind. In der Tat würden für die Buchstaben des ABC bereits drei Stellen ausreichen, denn es ist $\Phi'^{3}_{3} = 26$, und mit vier Stellen könnte man schon 80 Zeichen bilden.

Zu den bisherigen Betrachtungen kommt noch ein weiterer Gesichtspunkt hinzu: Bei allen Systemen, die als Übertragungszeichen *Zeitkombinationen* gewisser Elemente benutzen, erfordert die maschinelle Umsetzung in Schriftzeichen eine Synchronisierung zwischen Sender und Empfänger. Den Gleichlauf mit der erforderlichen Genauigkeit über längere Zeit einzuhalten, wäre technisch sehr schwierig und nur mit sehr großem Aufwand möglich. In der Praxis bedient man sich daher des sogenannten „Geh-Steh-Verfahrens“: Jedes einzelne Zeichen wird durch einen „Startimpuls“ eingeleitet und durch einen „Stopimpuls“ abgeschlossen, und im Empfänger wird durch diese Impulse die Kupplung zwischen dem (immer weiterlaufenden) Motor und der Nockenwelle betätigt, die das Schreibgerät steuert. An die Genauigkeit in der Übereinstimmung der Drehzahlen für die Motoren auf der Sende- und Emp-

		Anlaufschritt	Alphabet-Schrittgruppe					Sperrschritt
A	−		O	O				O
B	?		O			O	O	O
C	:			O	O	O		O
D	werda		O			O		O
E	3		O					O
F			O		O	O		O
G				O		O	O	O
H					O		O	O
I	8			O	O			O
J	Halt		O	O		O		O
K	(		O	O	O	O		O
L	)			O			O	O
M	.				O	O	O	O
N	,				O	O		O
O	9					O	O	O
P	0			O	O		O	O
Q	1		O	O	O		O	O
R	4			O		O		O
S	'		O		O			O
T	5						O	O
U	7		O	O	O			O
V	=			O	O	O	O	O
W	2		O	O			O	O
X	/		O		O	O	O	O
Y	6		O		O		O	O
Z	+		O				O	O
Wagenrücklauf						O		O
Zeilenvorschub				O				O
Buchstabenwechsel			O	O	O	O	O	O
Ziffern-u.Zeichenw.			O	O		O	O	O
Zwischenraum					O			O
nicht benutzt								O

Bild 8

Das Internationale Telegraphen-Alphabet

fangsseite sind bei diesem Verfahren keine besonders hohen Anforderungen zu stellen.

Bei Mitzählung des Start- und Stopimpulses besteht im gebräuchlichen System jedes Einzelzeichen nun aus 7 Elementen. Durch Übergang zu einem Dreiersystem könnte man diese Zahl auf 6 oder 5 verkleinern; die erreichbare Zeitersparnis wäre also nicht beträchtlich.

Die für die Übertragung jedes einzelnen Elementes erforderliche Zeitspanne ist nach unten begrenzt durch die Ansprechzeiten der verwendeten elektromechanischen Bauteile (Relais), und man muß für diese *Zeiteinheit* mindestens den Wert

$$E = \frac{1}{50} \ \text{sec}$$

ansetzen. Daher beträgt im normalen Fernschreibsystem die Übertragungsdauer für ein Zeichen ungefähr $\frac{7}{50}$ sec, die Schreibgeschwindigkeit liegt also bei etwa 420 Buchstaben pro Minute. Man hat heute natürlich die Möglichkeit, die elektromechanischen Relais durch Elektronenröhren zu ersetzen; dann könnten grundsätzlich die Impulse in weitaus rascherer Folge übertragen werden, aber die Schreibgeschwindigkeit bleibt durch das eigentliche Schreibgerät begrenzt.

Zur Bedienung eines k-stelligen Fernschreibsystems genügen grundsätzlich $k+1$ Tasten, nämlich je eine Taste für jede Stelle und eine Leertaste. Es ist aber, wohl aus Gründen der bequemeren Handhabung, üblich geworden, für jeden Buchstaben eine Taste vorzusehen. Außerdem gibt es noch *Umschalttasten* (ähnlich wie bei einer Schreibmaschine); die durch sie ausgelösten Zeichen bewirken, daß die nachfolgenden Zeichen andere Bedeutungen erhalten (Ziffern, Satzzeichen). Auf diese Weise wird die wirkliche Zeichenanzahl, wenn auch unter erhöhtem Zeitaufwand, wesentlich vermehrt.

532 Systeme mit gleichzeitig auftretenden Elementen.

Die vorstehenden Betrachtungen legen den Versuch nahe, die Übertragungszeiten dadurch zu verkürzen, daß man die Elemente nicht zeitlich aufeinanderfolgen, sondern gleichzeitig auftreten läßt. Dann muß jeder „Stelle“ ein besonderer Übertragungsweg entsprechen. Arbeitet man mit einfachen Gleichstromstößen, so bedeutet das: man braucht für ein k-stelliges System auch k Stromkreise, also mindestens $k+1$ Leitungen. Der Ersparnis an Zeit steht also ein größerer Aufwand an Übertragungsmitteln gegenüber. Das gilt in anderer Form auch

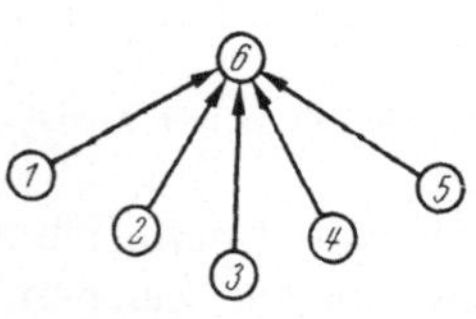

Bild 9. Ausnutzung von 6 Leitungen zur gleichzeitigen Übertragung von 5 Impulsen.

dann, wenn man nur eine Leitung benutzt, aber die einzelnen Elemente auf verschiedenen Trägerfrequenzen überträgt; denn zu jedem Träger gehört ein gewisses Frequenzband.

Ein System der hier skizzierten Art hätte einen wesentlichen Vorteil: Es erfordert keinerlei Synchronisierung.

Man sieht, daß ein solches Fernschreibsystem unter Umständen günstiger sein kann als das gebräuchliche, z. B. für kleinere Anlagen im Nahverkehr. Für die Nachrichtenübermittlung im großen, wo die Ausnutzung der vorhandenen Übertragungsmittel (Leitungen, Sender) einen Hauptgesichtspunkt darstellt, kommt dieses Verfahren dagegen sicherlich nicht in Betracht, da die Zeitersparnis wegen der begrenzten Leistungsfähigkeit der Schreibgeräte nicht voll ausgenutzt werden kann.

Es sei erwähnt, daß selbstverständlich auch Zwischenlösungen denkbar sind, in denen die Elemente sowohl gleichzeitig als auch nacheinander erscheinen. Man muß dann natürlich stets eine Synchronisierung vorsehen, hätte aber die Möglichkeit, zwischen den Forderungen der Zeitersparnis und der Ersparnis an Übertragungsmitteln einen für den jeweiligen Zweck möglichst günstigen Kompromiß zu finden.

54 Blindenschrift.

Die Blindenschrift, von Louis Braille eingeführt (1809—1852), besteht aus Kombinationen von Punkten. In den zwei senkrechten Seiten eines Rechtecks sind je drei Stellen für Punkte vorgesehen. Die Zahl der Kombinationen ist hier $2^6 - 1 = 63$. Man kann das als Variationen mit Wiederholung der zwei Elemente „Punkt" und „kein Punkt" oder als Summe von Kombinationen der Punkte im engeren Sinne errechnen.

Die Blindenschrift sollte auch die bestmögliche wirtschaftliche Gestaltung bekommen. Schon die ersten Buchstaben der Braille-Schrift zeigen uns, daß Braille die Häufigkeit der Buchstaben nicht berücksichtigt hat und die Ordnung der Zeichen nach dem ABC gestaltet hat. Die ersten Buchstaben des ABC's haben eine kleinere Zahl von Punkten, und für die letzten sind nur die Kombinationen mit größerer Anzahl von Punkten zurückgeblieben. Das ist insofern sehr bedauerlich, als der Blinde bei „Handschrift" jeden Punkt einzeln eindrücken muß, d. h. daß der Buchstabe „R" zweimal mehr Zeichen als „B" hat und darum beim Schreiben zweifache Zeit verbraucht, trotz der Tatsache, daß R 4—6mal öfter als B in allen westeuropäischen Sprachen vorkommt. Eine überschlägige Rechnung ergäbe in der deutschen Sprache z. B. eine Zeitersparnis von rund ein Drittel bei Anpassung der Buchstaben an ihre Häufigkeit. Selbstverständlich müßten die Buchstabenzeichen auf dieselbe Art und Weise, wie schon für das Morsesystem vorgeschlagen, genormt sein.

Die ersten zehn Zeichen der ersten Gruppe werden zum Satzzeichen, wenn man sie um eine Teilung tiefer setzt, zu Ziffern, wenn das Zahlzeichen davor steht. (Durchmesser eines Punktes: bei Großdruck 2 mm, bei Mitteldruck 1,5 mm, bei Kleindruck 1 mm.)

Blindenschrift nach Braille.

a	b	c	d	e	f	g	h	i	j		
k	l	m	n	o	p	q	r	s	t	äu	ä
u	v	x	y	z				ß (è)	st (ù)	ie	Zahlenzeichen
au (â)	eu (ê)	ei (î)	ch (ô)	sch (û)				ü	ö (œ)	w	
,	;	:	.	?	!	( )	„ "	*	" "		
,		—									
1	2	3	4	5	6	7	8	9	0		

In der Blindenschrift sind nicht alle Punktkombinationen der sechs Stellen unbeschränkt anwendbar. Das Lesen durch Abtasten stellt spezifische Forderungen. Bei den Buchstaben erscheinen die Punkte nur in der ersten senkrechten Reihe des Rechtecks oder in beiden Reihen, weil Punkte nur in der zweiten Reihe zur Verwechslung führen können. Bei der Entwicklung von Spezialschriftsystemen (Kurzschriften, Notenschrift, Mathematikschrift) werden aber auch diese ursprünglich ausgeschlossenen Punktkombinationen ausgenutzt. Das Auftreten von Leseschwierigkeiten wird durch gewisse Einschränkungen in der Anwendbarkeit vermieden.

Man hat auch besondere Zeichen für Doppellaute, Umlaute und Akzentbuchstaben eingeführt, um die Wirtschaftlichkeit des Systems zu vergrößern.

55 Lochschrift.

Die Brailleschrift kann man als einen Prototyp der Lochkarte betrachten. Die Verschlüsselung von Zeichen, Zahlen und Begriffen in den Lochkombinationen haben besonders große Bedeutung, wo die Lochkombinationen automatisch, maschinell verwertbar sind. Zum Beispiel der telegraphische Fünferschritt wird in Papierstreifen in fünf Lochkombinationen umgewandelt, die senkrecht zum Streifen stehen. Es gibt viele Möglichkeiten technischer Konstruktionen, um jede bestimmte Fünferkombination automatisch dem ihr zugehörigen Buchstabenzeichen als mechanischen oder elektrischen Impuls zuzuleiten. Die auf Flächen angewandten Lochkombinationen (meistens Papierflächen) können in zwei Gruppen geteilt werden, in Lochkarten — einfache Kombinationen — eine Karte entspricht einer gewissen Komplexion oder einer Gruppe solcher und in perforierte Bänder, wenn Löcherkombinationen auf sich bewegendem Papier- oder ähnlichem Streifen verteilt sind.

551 Die Lochkarte.

Wie schon erwähnt, ist eine Lochkarte (meistens) ein Papierblatt, auf dem verschiedene Lochkombinationen gelocht sein können. Diese Kombinationen können selbsttätig geordnet werden, können selbsttätig in Zahlen umgewandelt werden, die ihrerseits in selbsttätigen Rechenmaschinen verschieden verwertet werden können. Das gibt einer Lochkarte eine sehr große Möglichkeit für die Anwendung in der Statistik, Buchhaltung, auf wissenschaftlichen Gebieten und überall dort, wo große Mengen von verschiedenen Tatsachen, Ereignissen, Gegenständen usw. erfaßt und geordnet werden müssen.

Ein anderer Vorteil der Lochkarte ist das sehr große Fassungsvermögen von vielen Kombinationen mit sogar nur einer Lochart. Theoretisch hätten verschiedene Locharten, z. B. k Arten, die Kombinationsanzahl einer Lochkarte beinahe in k-te Potenz im Vergleich zu den Kombinationen aus einer Lochart gehoben, aber die maschinelle Auswertung solcher Lochkarten wurde bisher vermutlich als besonders umständlich und kompliziert angesehen, obwohl z. B. ein liegendes und ein stehendes Rechteck oder ein kleines und ein großes rundes Loch elektro-optisch unschwer verschieden ausgewertet werden können.

Darum werden in der Praxis nur Lochkarten mit einer Lochart einfachster geometrischer Form (Kreis, Rechteck) gebraucht.

Wir haben eine Fläche Q, in der es Platz für N Löcher gibt. Das heißt, es gibt N Elementestellen und nur ein Loch. Die Anzahl der Möglichkeiten in dieser Fläche und bei einem Element ist $V_n^1 = N$.

Bild 10   Bild 11

Wenn wir die Fläche in zwei gleiche Teile teilen, Q_1 und Q_2, und die Teile selbständig betrachten, dann können in Q_1 und Q_2 je $\dfrac{N}{2}$ Möglichkeiten vorkommen und in der ganzen Fläche $\dfrac{N}{2} \cdot \dfrac{N}{2} = \left(\dfrac{N}{2}\right)^2$ Kombinationen.

In Wirklichkeit sind es sogar noch einige Kombinationen mehr, weil in dem einen Teil ein Loch vorkommen kann, wenn im anderen Teil kein Loch ist und umgekehrt, d. h. beide Teile haben je eine Möglichkeit mehr, nämlich „kein Loch“, und das ergibt

$$S_2 = \left(\frac{N}{2} + 1\right)^2.$$

Bei Teilung der Fläche in drei Teile

$$S_3 = \left(\frac{N}{3} + 1\right)^3$$

und bei n Teilen

$$S_n = \left(\frac{N}{n} + 1\right)^n.$$

Die maximale Summe S_{max} ergibt sich bei größtmöglichem n, d. h. bei $n = N$, weil dann die Flächeneinheit die kleinste ist und nur die Möglichkeit für ein Loch hat.

$$S_{max} = \left(\frac{N}{N} + 1\right)^N = 2^N.$$

Beispiel. Eine Hollerith-Lochkarte hat 80 senkrechte Lochreihen mit 10 Lochstellen in einer Reihe, d. h. $N = 80 \cdot 10 = 800$ und $S_{max} = 2^{800} = 6,7 \cdot 10^{240}$, d. h. wir erhalten eine so große Zahl, welche nicht einmal in der Astronomie vorkommt, und doch ist eine normale Lochkarte nur 185×80 mm groß, und ein Loch hat ein Maß von rd. 2×1 mm.

551.1 Die Ordnung der Lochstellen in einer Lochkarte. Die Anzahl der möglichen Kombinationen auf derselben Lochkarte könnte noch größer sein, wenn die möglichen Lochstellen so auf der Karte verteilt wären, daß die größtmögliche Zahl von Löchern untergebracht werden könnte. In der Praxis sind alle Lochstellen auf der Karte in senkrechter Lochreihe geordnet, und die Lochstellen aller Spalten bilden waagerechte Reihen. Die normale Lochkarte ist nach dem Zehnersystem geordnet. Eine senkrechte Reihe (wir benennen sie einfach Lochreihe) gilt als eine abgeschlossene Lochfläche mit zehn Lochstellen. Jede Lochstelle in dieser Reihe hat eine eigene Ziffernbedeutung von oben nach unten, von 0 bis 9. Ein Loch in Lochstellen, z. B. mit dem Ziffernwert 3, bedeutet 3 usw. Die Lochreihen können als Zahlenstellen gelten, d. h. daß die linke Nachbarstelle stets einen 10mal größeren Wert hat. Auf diese Weise ist die Lochkarte so anschaulich, daß jeder sofort alle mit Löcherkombinationen verschlüsselten Zahlen ablesen kann. Die 80 Lochreihen der Lochkarte können verschiedenen Bestimmungen in entsprechenden Gruppen mit den nötigen Stellenzahlen zugewiesen werden.

Entsprechend ist das Arbeitsprinzip der Lochkartenmaschinen sehr einfach. Durch ein Loch in einer Lochstelle, welches gewissen Ziffern entspricht, wird ein Impuls (elektrisch, mechanisch oder pneumatisch) zur entsprechenden Zifferntaste der Rechenmaschine geleitet.

Die normale Lochkarte (S. 78) hat folgendes Aussehen:

Die Gesamtzahl der Kombinationen könnte hier $(10+1)^{80}$ sein, aber wie auch in den Zahlensystemen müssen die rechtsstehenden Lochreihen mit Null versehen werden, und die linksstehenden, nicht ausgefüllten Lochreihen haben innerhalb der Kombinationen keine Bedeutung. Darum ist die Anzahl der Kombinationen $S = 10^{80}$.

Trotz der 80stelligen Kombinationenzahl reicht manchmal bei Erfassung eines komplizierten Gegenstandes oder Vorganges mit all seinen in Zahlen verschlüsselten Eigenschaften eine Lochkarte nicht aus. Hier kann eine Maßnahme helfen, die in der Vergrößerung der Anzahl der Kombinationen in einer Lochkarte durch Mehrfachlochung besteht. Die Lochkarte mit einem Loch je Zehnerreihe verbraucht nur

$$S_n = 10^{80} \approx \sqrt[3]{S_{max}}.$$

Vom methodischen Betrachtungspunkt kann die Vergrößerung auf zweifache Art erfolgen:

1. durch Verkleinerung der Lochfelder (oben ausgeführte Methode), d. h. durch Anwendung anderer Zahlensysteme mit Grundzahl kleiner als zehn;

durch Übergang vom Zehner- zum Fünfersystem vergrößert sich die Kombinationenzahl der Lochkarte auf

$$S_{n=5} = 5^{160} = 7 \cdot 10^{100}.$$

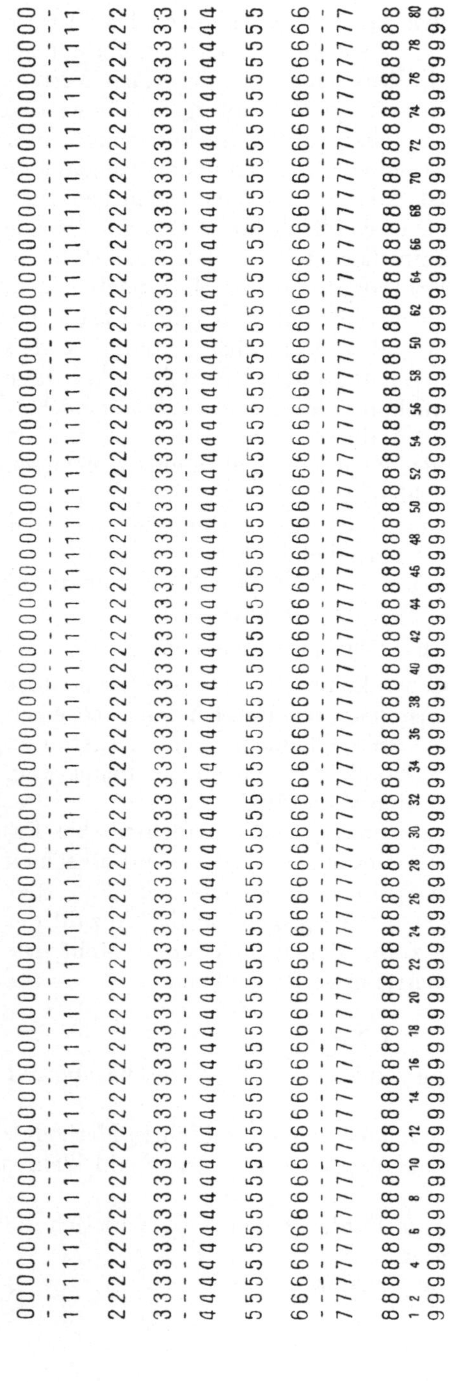

Bild 12

Den Höchstwert bekommt man bei $n = 2$

$$S_{n=2} = 2^{400} \sim 10^{120}.$$

Hierbei unterscheidet sich der Höchstwert von dem oben errechneten Werte, weil die Lochstellen nach Zahlensystemen geordnet und die Kombinationen mit nicht gelochten Zahlenstellen nicht eingerechnet sind. Das Zweiersystem hat in einer Lochreihe zwei Stellen für 0 und für 1, also 400 solcher Paare auf der ganzen Karte und darum die Hochzahl

$$400 = \frac{800}{2}.$$

2. Eine andere Methode ist die Mehrfachlochung in einem Lochfelde, z. B. mit Zulassung zweier Löcher auf einmal, gäbe es in einem Zehnlochfelde 10 Möglichkeiten je 1 Loch und

$$C_{10}^2 = \frac{10 \cdot 9}{1 \cdot 2}$$

$= 45$ je 2 Löcher, insgesamt $10 + 45 = 55$ Kombinationen.

Die Löcher bilden hier Kombinationen im engeren Sinne, weil dasselbe Loch in allen Stellen erscheint und das Ordnungsmoment ausscheidet. Bei Anwendung verschiedener Locharten hätten wir Variationen.

Die vollständige Mehrfachlochung gibt

$$C_{10}^1 + C_{10}^2 + C_{10}^3 + C_{10}^4 + C_{10}^5$$
$$\cdots C_{10}^{10} = 2^{10} - 1 = 1023 \text{ Mög-}$$

lichkeiten im Zehnlochfelde (1023^{80} gibt annähernd den früher errechneten Wert S_{max}).

Die Kapazität eines Feldes wird also 100mal größer; aber die Platzersparnis auf der Lochkarte beträgt nur $^2/_3$, da nämlich in der normalen
Zehnerlochkarte 1000 Möglichkeiten durch 3 Lochstellen erzielt werden.

Die Firma Powers (Remington Rand) hat eine Lochkarte mit nur
2 Löchern in einem Sechslochfelde entwickelt. Ein Loch in den Stellen 0,
1, 2, 3, 4 bedeutet diese Zahlen. Ein gleichzeitiges Loch in diesen und
in der sechsten Stelle bedeutet 5, 6, 7, 8, 9. Dabei erzielt Powers etwa
50% Platzersparnis, und die Übersichtlichkeit der Lochkarte ist gut.
Die Firma „Adressograph-Multigraph" hat eine Lochkarte mit folgender
Verschlüsselung, Bild 13. Hier sind alle ungeraden Ziffern (außer 9) mit
zwei Löchern bestimmt. Man benutzt hier 5 Kombinationen mit je einem
Loch und 4 je zwei aus $10 = C_5^2$ möglichen Kombinationen. Diese sind
aus je zwei Kombinationen mit Rücksicht auf die beste mechanische
Gestaltung des Abtastgerätes ge-
wählt. Die Adressograph-Lochkarte
ist weniger übersichtlich, spart aber
eine Reihe. (Das Powers-System
benutzt die 6. Reihe als Kontrollvor-
richtung.) Die vollständige Mehrfachlochung macht technisch für die
maschinelle Erfassung keine unüber-
windlichen Schwierigkeiten, und es
gibt schon einige Patente für Ma-

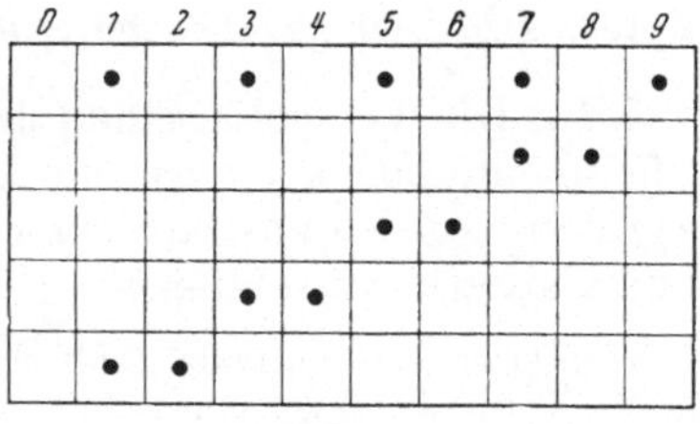

Bild 13

schinen der Mehrfachlochkarte. Die Mehrfachlochkarte kann nach dem
Dualsystem gegliedert sein, und Loch- und Zählmaschinen könnten auch
im Dualsystem arbeiten, was sogar gewisse Vorteile verspricht. Aber die
Lochkarte bei Mehrfachlochung bleibt unübersichtlich und ist nur
maschinell erfaßbar. Darum kann man behaupten, daß die Powerssche
Lochkarte eine gute Kompromißlösung ist. Die vollständig vielfach ge-
lochte Karte und die dazu passenden Maschinen können nur auf Sonder-
gebieten, wo eine besonders große Kapazität der Lochkarte verlangt
wird, angewandt werden.

551.2 Lochkarten für Steuerung einer Maschine. Bis jetzt haben
wir die Lochkarte behandelt, die Kombinationen in Zahlensystemen erfaßt. Die Lochstellen und Lochreihen haben dann die Werte, die Zahlenstellen entsprechen, und haben senkrechte und waagerechte Ordnung.
Die Lochkarten werden auch zur direkten Steuerung von Maschinen
angewandt, z. B. beim Jacquard-Webstuhl. Bei ihm entspricht eine
Lochreihe mit ihren Lochkombinationen einer gewissen Stellung aller
Hebel einer Maschine, damit in einem bestimmten Augenblick Kettfäden bestimmter Farben nach oben, andere nach unten kommen. Beim

Einschießen des nächsten Querfadens sorgt die nächste Lochreihe für eine andere Kombination der oben liegenden Kettfäden. Die Lochstellen sind hier nicht nach Zahlensystemen geordnet, sondern nach ihrer räumlichen Zweckmäßigkeit, nämlich allein nach dem zu erzeugenden Muster. Es bleibt nur das Grundprinzip der Lochkarte dasselbe, nämlich die Vielzahl der Lochkombinationen auf eine begrenzte Fläche und ihre mechanische Verwertung.

Hier ist noch zu erwähnen, daß zur Steuerung der Maschinen auch normale Lochkarten angewandt werden können. Das kann auf zweifache Art geschehen: entweder ist für jeden Betätigungshebel eine Lochreihe vorgesehen oder alle möglichen Hebelbetätigungskombinationen sind aufgestellt, numeriert und in Zahlen verschlüsselt. In diesem Falle kann man die Hebel so verschlüsseln wie die Begriffe im Abschnitt 551.3.

Die Anwendung der normalen Lochkarte ist vorteilhaft vom systematischen Standpunkt gesehen, aber die Auswertung der Steuerungsimpulse gibt hier zusätzliche Schwierigkeiten.

551.3 Die Verschlüsselung der Begriffe. Die Übertragung der Begriffe in eine Lochkarte ist eine Doppelverschlüsselung. Erst müssen die Begriffe in Zahlen ausgedrückt werden und später die Zahlen in Lochkombinationen verschlüsselt werden.

Hierbei ist eine normale Zahllochkarte betrachtet, aber es besteht auch eine unmittelbare Abece-Verschlüsselung, und es könnte auch zu Spezialzwecken eine Lochkarte geschaffen werden, die nach Systematisierung der Begriffe ohne Vermittlung durch Zahlen eine Lochordnung haben könnte, die ähnlich der Maschinenlochkarte wäre.

Die Begriffe einer Kategorie oder besser gesagt die Elemente eines Systems können in zwei Arten geteilt werden:

1. Elemente ohne Ausschließlichkeit, von denen beliebig viele Arten in einem System zugleich in jeder Anzahl von 1 bis n erscheinen können (z. B. Anzahl der Sprachen, die ein Mensch kennt).

2. Elemente mit gegenseitiger Ausschließlichkeit, d. h. von allen Elementen eines Systems kann nur eins auf einmal vorkommen (z. B. Haarfarbe eines Menschen).

Bei gegenseitiger Ausschließlichkeit reicht eine Lochreihe für 10 Elemente, aber wenn die Elementenanzahl viel kleiner ist, z. B. 2, braucht man trotzdem die ganze Lochreihe.

Bei den Elementen ohne Ausschließlichkeit soll für jedes Element eine Lochreihe vorgesehen werden; weil zwei oder mehr Löcher in einer Lochreihe nicht vorkommen dürfen.

Zur Einsparung der Lochreihen hilft uns nicht nur die Verschlüsselung der Elemente in Zahlen, sondern auch die *Verschlüsselung ihrer möglichen Kombinationen*.

Die Kombinationen von Elementen ohne Ausschließlichkeit. Erst bekommen die Elemente selbst eine Nummer, dann ihre möglichen Kombinationen. Die Anzahl der Kombinationsmöglichkeiten bei einer verschiedenen Anzahl von Elementen ist hier im folgenden gegeben:

Tabelle 3. *Lochreihen für Kombinationen von Elementen ohne Ausschließlichkeit*

Anzahl der Elemente	Gesamtanzahl der Kombinationen	Anzahl der Lochreihen
2	3	1
3	7	
4	15	2
5	31	
6	63	
7	127	3
8	255	
9	511	
10	1023	4
11	2001	
12	4095	
13	8191	

Hier handelt es sich also nicht um Mehrfachlochung, sondern um die Einfachlochung aller Kombinationen mehrerer Begriffe.

Beispiel für 1 Lochreihe und 3 Elemente mit allen ihren Kombinationen:

Elemente und Kombinationen	Loch Nr.
1ter	1
2ter	2
3ter	3
$1+2$	4
$1+3$	5
$2+3$	6
$1+2+3$	7

Die Verschlüsselung einer großen Anzahl von Kombinationen ist umständlich. Noch umständlicher ist die Auslese eines Elements durch die Sortiermaschine, weil dasselbe Element in verschiedenen Kombinationen vorkommt.

Zum Beispiel bei 6 Elementen und ihren 63 Kombinationen kommt jedes Element in $63-31=32$ Kombinationen vor; diese beanspruchen 2 Lochreihen, und um ein Element auszulesen, sind 2 Gänge der Sortiermaschine nötig[1]. Eine genauere Betrachtung zeigt uns, daß nur die Aufstellung der Kombinationen in nur einer Lochreihe, d. h. für 3 oder 7 Kombinationen, nötig ist. Der Rest der Kombinationen entsteht in der

---

[1] Siehe Anm. S. 82.

Lochkarte von selbst im kombinatorischen Spiel von zwei oder mehreren Reihen. Im folgenden ist eine Tabelle der Kombinationen gegeben.

Tabelle 4. Lochreihen bei Elementegruppen.

Statt Kombinationen von ... Elementen	Gruppen der Elemente	Summe der Kombinationen in den Lochreihen	Zahl der Lochreihen
4	$2+2$ oder $3+1$	$3+3$ oder $7+1$	2
5	$2+3$	$3+7$	2
6	$3+3$	$7+7$	2
7	$3+2+2$ oder $3+3+1$	$7+3+3$ oder $7+7+1$	3
8	$3+3+2$	$7+7+3$	3
9	$3+3+3$	$7+7+7$	3

Beispiel. Bei 9 Elementen 1—9 wären 511 Kombinationen nötig, d. h. nach Tab. 3 3 Lochkartenreihen. Beim Verschlüsseln in 3 Lochkartenstellen je 7 Kombinationen aus 3 Elementen entsteht der Rest in der Lochkarte selbst durch die übliche Kombination der 3 Lochreihen; aber wir gewinnen den Vorteil, daß z. B. das Element 1 nur in den Löchern 1 4 5 oder 7 der Lochreihe 1 vorhanden sein und darum in 1 Gang[1] ausgelesen werden kann.

Die Kombinationen der Elemente mit gegenseitiger Ausschließlichkeit. Nach ähnlichen Überlegungen lohnt es, die Kombinationen in nur einer Lochreihe aufzustellen, d. h. die Anzahl der Kombinationen darf nur kleiner als 10 sein. Bei einer kleineren Zahl der Elemente in einem System (Gruppe) können die Kombinationen zweier oder dreier Systeme in einer Lochreihe ausreichen. Die Kombinationen sind hier allgemeinster Art, d. h. n und m Elemente geben $n \cdot m$ Kombinationen.

Beispiel. x und y, ebenso a und b schließen sich gegenseitig aus.

$$\begin{array}{cccc} x & a & \text{Kombinationen} & xa \quad ya \\ y & b & & xb \quad yb \end{array}$$

Hier sind folgende Fälle möglich:

2 und 2 Elemente	4 Kombinationen
2 „ 2 und 2 Elemente	8 „
2 „ 3 Elemente	6 „
3 „ 3 „	9 „

Soweit können wir mit einer Lochreihe auskommen, während man sonst zwei brauchen würde. Es besteht auch die Möglichkeit, in einer Lochreihe Elemente mit gegenseitiger Ausschließlichkeit und ohne Ausschließlichkeit zu verschlüsseln, z. B. 2 Elemente ohne Ausschließlichkeit geben drei Möglichkeiten; werden damit 2 Elemente, die sich gegenseitig ausschließen, kombiniert, so ergeben sich $3 \cdot 2 =$ $= 6$ Möglichkeiten. Wiederum reicht für die Möglichkeiten dieser 4 Elemente 1 Lochstelle.

Zum Beispiel Elemente ohne Ausschließlichkeit a, b geben Kombinationen a, b ab. Mit den Elementen x, y entstehen bei gegenseitiger Ausschließlichkeit folgende Möglichkeiten der Reihe nach numeriert:

1. ax,   2. bx,   3. abx,   4. ay,   5. by,   6. aby.

---

[1] Nicht mehr, weil in der Sortiermaschine die Karten einer Lochreihe nach ihren 10 Löchern sortiert werden.

Hiernach läßt sich eine Aufstellung gewinnen, die wie folgt anfängt:

Tabelle 5. *Lochreihen für Elemente mit und ohne Ausschließlichkeit.*

Elementezahl ohne Ausschließlichkeit	Anzahl der Kombinationen	Elemente der gegenseitigen Ausschließlichkeit	Zahl der Gesamtkombinationen
2	3	2	$3 \cdot 2 = 6$
2	3	3	$3 \cdot 3 = 9$

Wenn nicht alle Kombinationen der Elemente ohne Ausschließlichkeit praktisch vorkommen können oder nicht alle Kombinationen der Elemente beider Arten, dann können alle nicht möglichen Kombinationen gestrichen und der Rest in Zahlen verschlüsselt werden (Näheres s. Schr. 10).

552 Perforierte Bänder.

Man kann kinetische Kombinationen durch Lochkarten erreichen, die in gewissen Zeitabständen wechseln. Die Steuerung des Jacquard-Webstuhles liefert einen Ansatz dafür; aber dabei erreichen wir keinen stetigen Ablauf der Kombinationen, und eine Änderung aller Elemente kann nur im Zeitabstand der Wechslung der Lochkarte entstehen oder einem Vielfachen davon. Außerdem ist die mechanische Durchführung der Wechslung der Lochkarte viel komplizierter als der Betrieb eines Bandes, welches stetig von einer Rolle zur anderen läuft. Darum werden zur Verschlüsselung kinetischer Elemente meistens perforierte Bänder benutzt. Diese sind besonders geeignet, um verschiedene Maschinen (auch die kompliziertesten) automatisch zu bedienen und zu steuern. Die Steuerung einer Maschine ist die Schaltung verschiedener Hebel, Kontakte, Schalter usw. in bestimmten Kombinationen und bestimmtem Zeitablauf. Darum gewinnen die perforierten Bänder bei der zunehmenden Automatisierung der Fertigung in unserer Zeit an Bedeutung.

Die Ordinate des Bandes ist die Funktion der Zeit t; ist v die Geschwindigkeit des Bandes, so ist eine beliebige Entfernung vom Anfang

$$x = vt.$$

Bild 14. Perforiertes Band

Die Löcher des Bandes sind in Längslinien geordnet, und jedes Loch in derselben Spalte bedeutet immer dasselbe Element oder denselben Faktor. Linie AB ist eine Wirkungslinie des Bandes, an der die Löcher abgetastet werden. Wie bei der Lochkarte wird das Band mechanisch, elektrisch, pneumatisch oder optisch abgetastet.

6*

Wenn Spalte a Element a, Spalte b Element b und Spalte k Element k darstellt, dann kommen in Linie AB nur verschiedene Kombinationen im engeren Sinne von den Elementen a—k vor, weil die Elemente ihre Stellungen nicht wechseln können. Bei Bewegung des Bandes permutieren diese Kombinationen kinetisch (s. Abschn. 223).

Zum Beispiel in der Zeitspanne $t_1 t_2$ entsteht

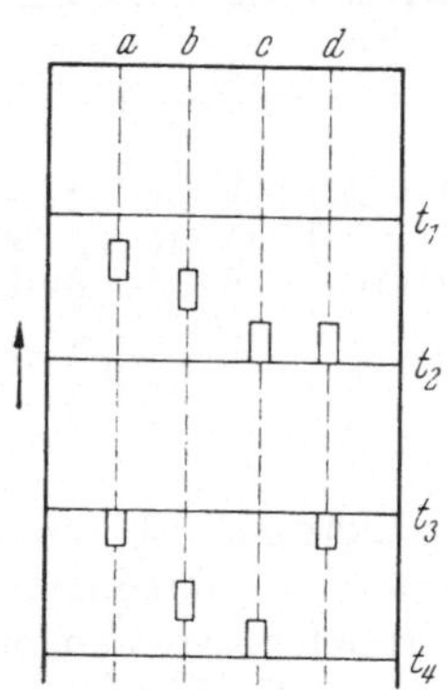

$$a \quad b \quad\quad cd$$

und in der Zeitspanne $t_3 t_4$

$$ad \quad\quad b \quad c.$$

Die Dauer eines Elementes kann durch die Länge des Loches bestimmt werden; wenn manche Elemente sehr lange Zeit wirken sollen, dann wären hierbei die Löcher sehr lang und würden zur Spaltung des Bandes führen. Es gibt jedoch andere Möglichkeiten, z. B. die Löcher paarweise zu ordnen, das erste Loch bedeutet den Beginn der Wirkung des Elementes, das zweite Loch das Ende. Wenn einige

Bild 15. Perforiertes Band

Elemente immer in bestimmten periodischen Reihen und niemals zusammen vorkommen, dann ist es möglich, in einer Lochspalte alle Elemente zu verschlüsseln und Lochspalten zu sparen. Wenn das Band nicht besonders beansprucht ist, ist es möglich, für ein Element zwei Spalten zu nehmen, Spalte a_1 = Einschaltung, Spalte a_2 = Ausschaltung. In diesem Falle ist das mechanische Problem einfacher lösbar.

552.1 Übertragung der Intensität. Bei Bedienung der Maschinen kommt häufig die Bestimmung der Intensität eines bestimmten Faktors vor. Alle automatischen Musikinstrumente werden mit Hilfe der perforierten Bänder gesteuert. Das ist selbstverständlich, weil die Musik ein typisches Gebiet der kinetischen Kombinationen ist. Das Problem der Inensität der Töne ist praktisch noch nicht gelöst. Daher ist die Musik der Automaten ausdruckslos. Die Intensität eines Elementes kann durch die Breite eines Loches übertragen werden (z. B. ein breiteres Loch läßt einen stärkeren Luftstrom durch). Perforierte Bänder sehr großer Breite sind aber unpraktisch. Zum Beispiel bei Übertragung der Musik, 7 Oktaven zu je 12 Tönen, insgesamt 84 Elemente, wären 84 Spalten nötig, und bei Variieren des Koeffizienten der Intensität von 1 bis 10 wären 840 der kleinsten Breiteelemente nötig.

Eine andere Möglichkeit ist die Zuweisung einiger Spalten zu den Faktoren verschiedener Intensitäten, die mit jedem Element der Hauptspalten kombiniert sein können. Eine stetige Reihe der Größen kann man nach dem additiven System als Summe der Spalten bekommen, wenn z. B. die 1. Spalte bedeutet: Intensität 1; die 2. Spalte: Intensität 2; die 3. Spalte: Intensität 4 und die 4. Spalte: Intensität 8. Für Intensitätskoeffizienten von 1—15 wären nur 4 Spalten nötig. Wenn wir annehmen, daß das kleinste Loch und der Streifen zwischen den Löchern den kleinsten Breitenelementen bei Übertragung der Intensität durch verschiedene Lochbreiten entspricht, haben wir im zweiten Falle für die größte Intensität nur 4 Löcher und 3 Streifen, insgesamt 7 Breiteneinheiten statt 10 im ersten Falle und einen um 50% größeren Intensitätsbereich.

552.2 Verschiedene Arten perforierter Bänder für verschiedene Kombinationsaufgaben. Die Bänder können periodisch und nichtperiodisch sein. Ein periodisches Band kann als endloses Band ausgeführt sein, welches in der Zeit t abläuft und sich dann wiederholt.

Ein nichtperiodisches Band haben wir dann, wenn die Kombinationen sich nicht in gleicher Folge wiederholen und das Band nur einmal die Walzen durchläuft. Ferner können wir dauernd laufende Bänder mit konstanter Geschwindigkeit und solche mit veränderlicher Geschwindigkeit und ruckweise laufende Bänder, die sich schrittweise bewegen, herstellen.

Für spezielle Zwecke können auch Bänder hergestellt werden, die sich nicht nur in Richtung ihrer Länge bewegen, sondern auch quer dazu verschoben werden können.

Das Lesen von Büchern ist im Grunde ein solcher Prozeß, doch hat das Band hier nur eine Spalte, aber verschiedene Loch- oder Zeichenarten. (Die Benutzung der Löcher verschiedener Art in Bändern ähnlich wie in der Lochkarte stößt auf technische Schwierigkeiten.)

Das Wesen der perforierten Bänder bleibt auch bei andersartiger Gestaltung der Bänder bestehen. Besonders bei periodischen Bändern können statt Bändern Zylinder mit Löchern angewandt werden oder Zylinder mit Stiften (solche Art haben wir in Spielkästen und Spieluhren). Auch können die Bänder statt Löchern Stifte haben. In diesem Falle kann die Intensität mittels der verschiedenen Länge der Stifte übertragen werden. Statt Löchern und Stiften ist es möglich, in die Spalte Stoffe einzusetzen, die verschiedene elektrische Widerstände haben, oder man kann die Spalten mit helleren und dunkleren Farben bemalen und das Band mit Photozelle abtasten. Diese Methoden geben gute Möglichkeiten für die Übermittlung der Intensität. Große Steuerungsmöglichkeiten geben parallel laufende Schnüre mit eingebundenen Stiften oder Perlen. In diesem Falle entspricht jede Schnur einer Spalte des perforierten Bandes. Nötigenfalls können die Schnüre unabhängig voneinander bewegt werden. Hier ist eine besonders große Möglichkeit vorhanden, die Steuerung der Maschine mit dem Rücksignal der arbeitenden Maschine zu koppeln. Die Benutzung verschiedener Zahlensysteme besonders mit kleiner Grundzahl bietet die noch nicht ausgenutzte Möglichkeit, die perforierten Bänder im Rechnungswesen anzuwenden, weil die perforierten Bänder nicht nur für die Steuerung der Vorgänge, sondern auch für ihre Registrierung angewandt werden können.

So bilden die *Gesetzmäßigkeiten der Lochkarten eine Grundnorm für viele technische Anwendungen*, und deshalb ist es lohnend, sie anwendbar herauszuarbeiten.

6 Baukastensystem.

61 Begriff.

Ein Baukasten ist eine Sammlung einer gewissen Anzahl verschiedener Elemente (Bausteine), aus welchen sich verschiedene Dinge zusammensetzen lassen. Diese entstehen, indem man

a) aus den vorhandenen Elementen immer andere auswählt; b) verschiedene Anzahlen derselben Elemente nimmt; c) dieselbe Anzahl derselben Elemente der verschiedenen räumlichen Anordnungen zusammenstellt

und durch Kombination dieser drei Verfahren.

Ein System solcher Kombinationen zur Herstellung verschiedener zusammengesetzter Gegenstände aus einem Elementevorrat nennt man *Baukastensystem*. Das Baukastensystem ist somit eine Anwendung der Kombinationsgesetze auf zusammengesetzte Gegenstände mit dem Ziel, die Haupteigenschaft der Kombinationen auszunutzen, nämlich mit einer kleinen, konstanten Anzahl verschiedener Elemente eine große Anzahl Komplexionen zu bilden. Geht man umgekehrt von einer Reihe verschiedener Gegenstände aus und zerlegt sie derart, daß möglichst wenig verschiedene Elemente entstehen, so ist dies ein *echter Normungsvorgang*; er führt zu einem großen Bedarf für jedes Element und damit zu einer so wirtschaftlichen Fertigung, daß häufig die Zerlegung in Elemente und ihre spätere Zusammenfügung wirtschaftlicher sind, als die Einzelausführung ganzer Komplexionen.

Vom mathematischen Gesichtspunkt aus gesehen ist die Betrachtung des Baukastensystems kompliziert und undurchsichtig, weil nicht nur die verschiedenen Elemente, sondern auch die verschiedene Anzahl der Elemente im Vorrat und in der Auswahl mitbestimmend ist. Die Vielfalt der räumlichen Anordnungsmöglichkeiten vergrößert die Anzahl der Kombinationen bedeutend, erschwert aber die mathematische Behandlung. (Vgl. Abschn. 25.)

62 Die wirtschaftlichen Vorteile des Baukastensystems.

Die Anwendung des Baukastens bringt einige der bekannten Vorteile der Normung, nämlich Austauschbarkeit der Teile, kleinere Ersatzlager, Massenfertigung der Teile usw. mit sich. Das Baukastensystem erweitert die Ausnutzung dieser Vorteile, da bei allen nach Baukastenart gebauten Erzeugnissen die gleichen Elemente verwendet werden.

Indem das Baukastensystem mit kleinstem Aufwand von verschiedenen Elementen die größte Vielfalt der Variationen zu erreichen gestattet, ermöglicht es, eine Konstruktion so zu gestalten, daß sie 1. vielseitig anwendbar ist und 2., wenn nötig, auseinandergenommen und nach Auswechslung einiger Elemente zu einer neuen Konstruktion für andere Zwecke zusammengesetzt werden kann.

Die Punkte 1 und 2 sind wirtschaftliche Erwägungen, die sogar zu universalen Elementen (sog. Baueinheiten) für Spezialmaschinen führen.

63 Die Begrenzung des Baukastensystems.

Gewisse kombinatorische Züge treten bei jeglicher Art der Fertigung und Herstellung in Erscheinung. Durch die Normung der Maschinenelemente ähnelt der ganze Maschinenbau einem riesigen Baukastensystem. In jeder Maschine, in jedem Apparat usw. finden wir Schrauben, Wellen, Nieten, Stifte, Zahnräder usw., die in derselben Form und Größe auch in anderen Maschinen als Teile verwendet werden. Es ist daher sehr wichtig, eine Abgrenzung festzulegen zwischen Fertigung nach dem reinen Baukastensystem und anderen Fertigungsarten.

Von einem *vollkommenen Baukastensystem* kann man solange sprechen wie aus den gegebenen Elementen eine Reihe verschiedener Gegenstände so gebaut werden, daß in der Reihe *jedes Element mehr als einmal gebraucht* wird, d. h. in nicht weniger als zwei Gegenstandsarten vorkommt. Ist ein Baukastensystem zur Herstellung von nur zwei Gegenständen bestimmt, so muß jeder dieser Gegenstände alle Elemente enthalten. Erst wenn mindestens drei Gegenstände hergestellt werden sollen, können in einem der Gegenstände Baukastenelemente fehlen, die in den anderen beiden enthalten sind.

Ein *gemischtes* Baukastensystem haben wir dann, wenn aus vorhandenen Elementen *ein oder einige Elemente je nur für einen Gegenstand* bestimmt sind. Dazu erscheint aber noch die weitere Bedingung notwendig, daß von einem gemischten Baukastensystem nur dann die Rede sein kann, wenn in einem Gegenstand die Bedeutung der eigentlichen immer wieder verwendeten Baukastenelemente größer ist als die der nur einmalig auftretenden Elemente. (Diesen Gedanken können wir auf zwei Stichwortpaare zurückführen: Wiederholungselemente gegen Einzweckelemente oder im Sinne unserer Betrachtung *Normelemente gegen Sonderelemente.*)

Hierbei muß man nicht nur die bloße Anzahl der Teile, sondern auch ihre Größe und ihre Funktion in dem Gegenstand berücksichtigen. Auch die Art der Gegenstände ist hier von Bedeutung, z. B. ein Satz Wechselräder, der so gebaut ist, daß verschiedene Wechselräder-

kombinationen gebildet werden können, bleibt ein Baukasten auch dann,
wenn der größte Teil der Räder nur einmal gebraucht wird. Entscheidend
ist hier der kombinatorische Charakter des Ganzen, in dem jeder Teil
als gleichwertiges Bauelement betrachtet werden kann. So ist die Grenze
eines gemischten Baukastensystems in gewissem Grade verschiebbar.

Immerhin kann man bei Sonderelementen zwei Hauptarten erkennen:

a) solche, die das Rückgrat für die Baukastenelemente bilden — sie
helfen die Baukastenelemente in bestimmter Raumordnung einzu-
ordnen — und

b) solche, die ausführende Organe bilden. — Der Gegenstand bleibt
derselbe oder ist ähnlich. Z. B. gehören die Baueinheiten zu diesem Typ,
bei denen die Maschine durch den Tausch der ausübenden Organe andere
Funktionen ausüben kann.

Zur Abgrenzung müssen noch andere Gesichtspunkte beachtet
werden.

631 Zeitweilig oder dauernd benutzte Gegenstände.

a) Aus vorhandenen Elementen wird ein Gegenstand nur zeitweilig
gebaut, mit anderen Worten: er ist nur für eine begrenzte Benutzungs-
dauer bestimmt; nach der Erfüllung seiner Bestimmung wird er auseinandergenommen, die Elemente werden sozusagen in den Baukasten
zurückgelegt und später für den Bau anderer Gegenstände verwendet,
die ihrerseits wieder zeitweiliger Natur sind.

b) Aus vorhandenen Elementen werden nach den Baukastensystemen
verschiedene Erzeugnisse gebaut und nicht wieder auseinandergenommen.
Neue Gegenstände baut man aus neuen Elementen.

Es besteht die Neigung, nur a) als eigentliches Baukastensystem zu
betrachten. Im Prinzip ist hier kein wesentlicher Unterschied zwischen
den beiden Arten. Ein Gegenstand, der nach Art a) gebaut ist, könnte
auch bleiben, und die nach Art b) nicht auseinandernehmbaren Gegenstände könnten auch auseinandergenommen werden. Bei dem Bau nach
Art b) haben wir alle Methoden des Baukastensystems und auch alle
Vorteile. Der äußere Unterschied ist, daß man bei Gegenstand a) ohne
weiteres die Merkmale des Baukastensystems sieht, während man bei
Gegenstand b) nicht ohne weiteres sagen kann, ob er nach Baukastensystem gebaut ist oder nicht. Vom Fertigungsstandpunkt gesehen,
liefern wir im Falle a) Baukästen, im Falle b) liefern wir Kombinationen
aus einem sich dauernd erneuernden Baukasten; dieser ist unser Lager,
d. h. es besteht eine begrenzte Anzahl der Elementetypen, aber eine unbegrenzte Menge der Elemente jeden Typs.

Die Art a) kann auch Eigenschaften der Art b) besitzen, wenn verschiedene Baukästen nach Baukastensystem angefertigt würden. Hier

haben wir Fertigung der Baukästen in Baukastensystemen. Andererseits können manchmal beim Verbraucher die Gegenstände nach Art b) wegen Abnutzung auseinandergenommen werden, und die gewonnenen Elemente können zu anderen Gegenständen desselben Baukastens zusammengebaut werden; bisweilen nimmt man dazu neue Teile aus dem Vorrat des Baukastens b).

632 Auseinandernehmbare oder festgefügte Kombinationen.

Bei den einfachsten Systemen, wie z. B. additiven Größen, Endmaßen, Widerstandselementen usw., ist der Vorgang des Kombinierens offensichtlich. Man nimmt bestimmte Elemente, z. B. Endmaße, aus dem Baukasten, baut sie zusammen (Bild 17c), und nimmt sie nach Gebrauch wieder auseinander. Es kann auch sein, daß alle Elemente in einem Kasten fest eingebaut sind und durch Inbetriebsetzung von Hebeln, Schaltungen und anderen Vorrichtungen die eine oder andere wirksame Kombination der benutzten Elemente entsteht. Im ersteren Falle entnehmen wir die Teile aus dem Satz, im zweiten Falle benutzen wir die Teile in dem Satz (z. B. Tasten im Klavier oder in der Schreibmaschine, elektrischer Widerstandskasten, Schaltgetriebe in Werkzeugmaschinen im Unterschied zu Wechselrädern[1] im ersteren Falle.)

Hier braucht man für jede Geschwindigkeit ein anderes Räderpaar, aber Antriebsräder, Wellen und Gehäuse bleiben immer dieselben. Ein kombinatorisch fein durchdachtes Baukastensystem stellt das RUPPERT-Getriebe dar. Wie aus Bild 16 ersichtlich, erreicht man mit 8 Rädern 8 Geschwindigkeiten, und jedes der Räderpaare kommt in 4 Geschwindigkeitskombinationen vor.

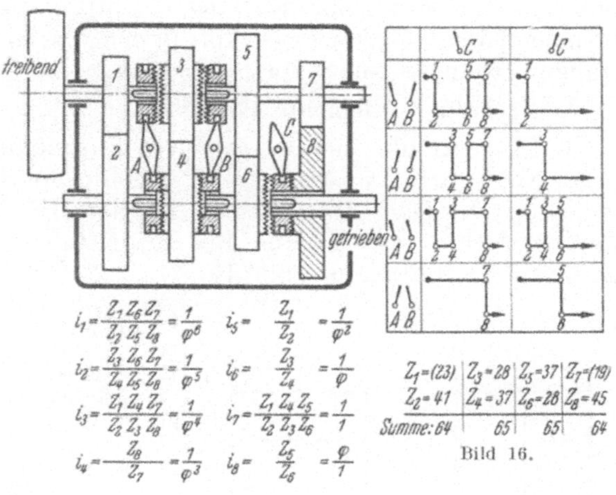

$$i_1 = \frac{z_1 z_6 z_7}{z_2 z_5 z_8} = \frac{1}{\varphi^6} \qquad i_5 = \frac{z_1}{z_2} = \frac{1}{\varphi^2}$$

$$i_2 = \frac{z_3 z_6 z_7}{z_4 z_5 z_8} = \frac{1}{\varphi^3} \qquad i_6 = \frac{z_3}{z_4} = \frac{1}{\varphi}$$

$$i_3 = \frac{z_1 z_4 z_7}{z_2 z_3 z_8} = \frac{1}{\varphi^4} \qquad i_7 = \frac{z_1 z_4 z_5}{z_2 z_3 z_6} = \frac{1}{1}$$

$$i_4 = \frac{z_8}{z_7} = \frac{1}{\varphi^3} \qquad i_8 = \frac{z_5}{z_6} = \frac{\varphi}{1}$$

$z_1=(23)$	$z_3=28$	$z_5=37$	$z_7=(19)$
$z_2=41$	$z_4=37$	$z_6=28$	$z_8=45$
Summe: 64	65	65	64

Bild 16.

Diese Arten unterscheiden sich in der Wirkung nicht wesentlich voneinander, denn in beiden Fällen ist eine Auswahl der Elemente vorhanden, die eine gewisse Anzahl von Kombinationen gestattet. Nur die

---

[1] Vgl. hierzu Abschn. 493.

Methode des Zustandekommens der Kombinationen ist verschieden. Das ist wohl auch der Grund dafür, daß man bisher die zweite Art nicht in das Baukastensystem einordnete.

633 Baukasten als Teil eines Gegenstandes und Baukastensystem mit zusammengesetzten Gegenständen als Elementen.

a) Ein Baukastensystem kann als Baugruppe eines nicht nach Baukastensystem gebauten Gegenstandes vorkommen, z. B. die Wechselräder an einer Zahnradfräsmaschine.

b) Kombinationen der nicht nach Baukastenart gebauten Gegenstände können verschiedene Gegenstände bilden, z. B. sogenannte Bohr-, Dreh- und Fräseinheiten, die an einen Rundschalttisch (nicht selten nur zeitweilig) angebaut werden.

634 Verschiedene Arten von Baukastenelementen.

Die Elemente kann man in zwei Hauptgruppen teilen:

a) Gleichberechtigte Elemente sind z. B. die Elemente eines Endmaßsatzes, Wechselräder, Heizkörperglieder usw., d. h. solche Elemente unterscheiden sich nicht nach der Wichtigkeit ihrer Funktionen und kommen häufig ungefähr gleich oft in den verschieden gebauten Gegenständen (Komplexionen) vor.

b) Bevorzugte Elemente nämlich

1. Elemente, die in jeder gebauten Einheit unbedingt vorkommen, z. B. Kopf- und Fußstück (K, F) bei Soennecken-Möbeln, Schleppeinheiten (S) beim Westphalfloß, Halter (H) und Meßschnäbel (M) für Endmaß-Kombinationen für Innenmaße (Bild 17).

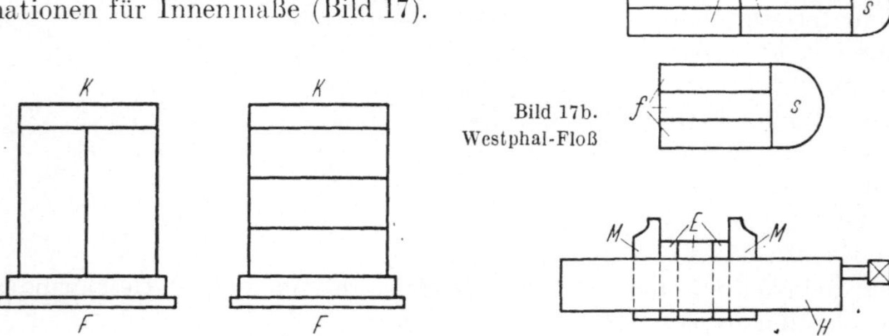

Bild 17b.
Westphal-Floß

Bild 17a. Aufbaumöbel.

Bild 17c. Halter und Meßschnäbel für Endmaße.

2. Formgebende Elemente (Gehäuse, Rahmen, Gerüste s. Abschn. 63), z. B. verschiedene Gehäuse für verschiedene Getriebekombinationen.

3. Ausführende Organe, z. B. die werkstücktragenden Vorrichtungen der Werkzeugmaschinen, durch deren Auswechslung die Maschine verschiedene Aufgaben erfüllt, z. B. an einer Drehbank Planscheibe, Mitnehmerscheibe, Dreibackenfutter, andere Futter.

Durch Kombinationen einer Maschine mit n ausführenden Organen bekommen alle anderen Elemente, die die ganze Maschine bilden, n-mal größere Geltung.

Die einfachsten Fügeelemente, wie Schrauben, Stifte, Keile, werden nicht als Baukastenelemente betrachtet, weil ihre Bedeutung für die ganzen Gegenstände von zweitrangiger Bedeutung ist.

635 Umfang eines Baukastensystems.

Wenn zwei Baukastensysteme A und B eine gewisse Anzahl derselben Elemente führen, kann man beide Systeme vereinigen (Bild 18). Umgekehrt können Systeme, die für bestimmte Gegenstandsgruppen nur wenig gemeinsame Elemente haben, in kleinere Systeme geteilt werden. Bei Vereinigung mehrerer Systeme zu einem System bleiben die früheren Systeme als Gruppen zusammen. Zum Beispiel wäre es besser, ein System von 4 Gruppen mit in Bild 19 gezeigter Überdeckung der gleichen Elemente in zwei Systeme (Bild 20) zu teilen.

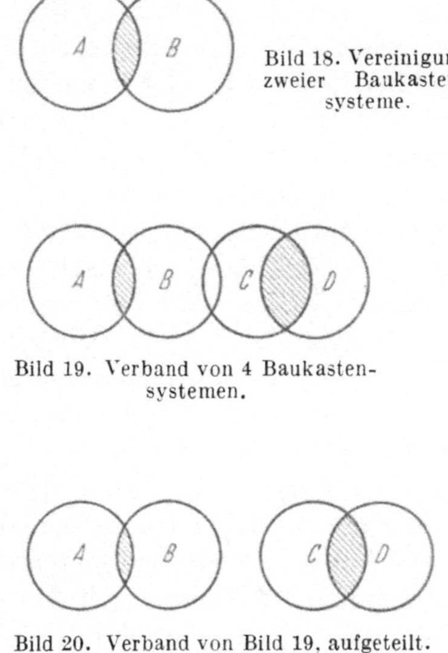

Bild 18. Vereinigung zweier Baukastensysteme.

Bild 19. Verband von 4 Baukastensystemen.

Bild 20. Verband von Bild 19, aufgeteilt.

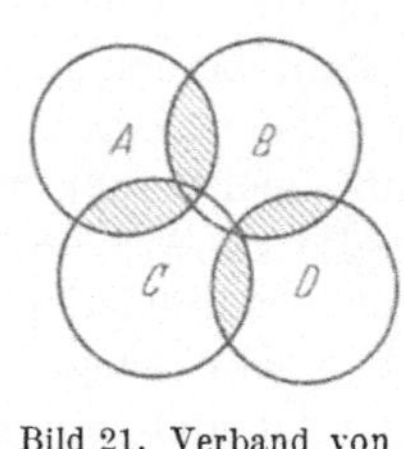

Bild 21. Verband von 4 Baukastensystemen.

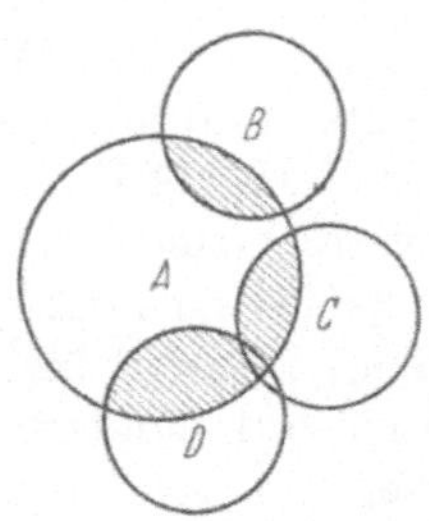

Bild 22. Verband nach Bild 21 als ein Ganzes.

Umgekehrt erscheint es zweckmäßiger, das System (Bild 21) als Ganzes (Bild 22) zu betrachten.

Im allgemeinen wird die Zweckmäßigkeit des größeren oder kleineren Umfanges eines Systems nach dem fertigungstechnischen und organisatorischen Gesichtspunkt entschieden. Systematisch erklären wir Systeme, die eine Anzahl gemeinsame Elemente führen, zu „verwandten Baukastensystemen".

64 Die verschiedenen Arten des Baukastensystems.

Die bisherigen Betrachtungen ermöglichen uns nun, die Baukastensysteme nach bestimmten Arten zu *ordnen*.

641 Das einfache Baukastensystem.

Das ist ein solches System, bei welchem nur Elemente, die selbst eine erstrebte Eigenschaft verkörpern, vorhanden sind und durch Kombination dieser Elemente diese eine Eigenschaft je nach Bedarf qualitativ oder quantitativ vergrößert oder verkleinert wird.

Zu diesem System einer erstrebten Eigenschaft gehören die zum Teil schon früher erwähnten Beispiele: der *additiven* und *multiplikativen* Größen.

Unser Zahlensystem ist auch ein Baukastensystem, weil man hier aus 10 Ziffernarten, welche in genügender Anzahl vorhanden sind, jede beliebige Zahl bauen kann. Allerdings ist dieser Baukasten mehr symbolischer Natur. Baukästen dieser Art sind: additive Größen für Längen, Gewichte, elektrische Widerstände, elektrische Kondensatoren, Intensität jeglicher Art und auch Kombinationen von Getrieben zur Erreichung verschiedener Drehzahlen. Dazu gehören auch die oft in der Technik erscheinenden Konstruktionen aus einer Elementenart, z. B. Heizkörperglieder und Kesselelemente in der Zentralheizung usw.

Diese Konstruktionen sind additive Systeme. Sie wurden in dem Kapitel über additive Größen nicht behandelt, weil sie mathematisch kein Problem bilden. Die verschiedenen Größen sind hier nur durch wiederholte Addition desselben Grundelementes erreicht. Die Vorteile sind hier: leichtere Fertigung des kleinen Standardelementes, Lagerung nur eines Elementes, billiger Austausch beschädigter Elemente.

Der Nachteil, nämlich die umständliche Addition einer großen Anzahl von Elementen, tritt hier nicht in Erscheinung, da der Additionsprozeß nur selten vorkommt. Solche Systeme findet man auch in der Möbelindustrie, z. B. bei den modernen sog. Aufbaumöbeln, wo kleinere oder größere Schränke aus Normelementen gebaut werden. Auch das schon erwähnte Westphal-Floß, herstellbar aus einheitlichen Floßelementen (s. Bild 17b) gehört dazu. Die Elemente werden hier öfter zusammengelegt oder auseinander genommen, bei Übergang von kleineren zu größeren Wasserwegen oder umgekehrt. Dieser Nachteil ist jedoch durch das Vermeiden der Umladung ausgeglichen. Allerdings sind hier schon Elemente der räumlichen Umstellung vorhanden, und das Floß braucht bei Umordnung der Elemente verschiedene Antriebsteile.

Es ist hierbei noch wenig beachtet, daß es wirtschaftlicher sein kann, neben den Elementen der Größe 1 auch solche der Größen 2, 4, 8, … (dyadische Reihe) vorzusehen (vgl. Abschn. 42). In diesem Falle hat man weniger Fugen und damit Ersparnis an Fügearbeiten, aber mehr Arten am Lager.

642 Das Baukastensystem der räumlichen Umstellung.

Hier sind zwei Abarten zu unterscheiden:

642.1 Die Gegenstände bestehen aus einer bestimmten Menge verschiedener Elemente. Neue Gegenstände entstehen durch andere räumliche Zusammenstellung der Elemente.

Vom normentechnischen Gesichtspunkt aus betrachtet erreicht hier das Baukastensystem seine Idealformen, wenn die Möglichkeit besteht, zwei oder sogar mehr Dinge aus einer gleichen Anzahl bestimmter Elemente zu bilden, die nur durch verschiedene räumliche Anordnung entstehen. Hier entfallen jegliche Sonderteile. Die Zahl der Kombinationen, die durch räumliche Anordnung entsteht, ist — wie schon erwähnt wurde — sehr groß.

Der einfachste Fall ist die Umkehrung der einzelnen Teile.

Das in Bild 23 dargestellte Beispiel zweier mit Ansätzen versehener Scheiben zeigt, daß durch Umkehrung von zwei zusammengefügten Einzelteilen vier Kombinationen entstehen können.

Mit einem *vollkommenen* Baukastensystem haben wir es nur dann zu tun, wenn nach einer derartigen räumlichen Umstellung wieder *alle* Einzelteile verwendet werden, d. h. daß es *kein* Teil gibt, das nur *einer* Kombination dient und in *jeder* anderen überflüssig ist.

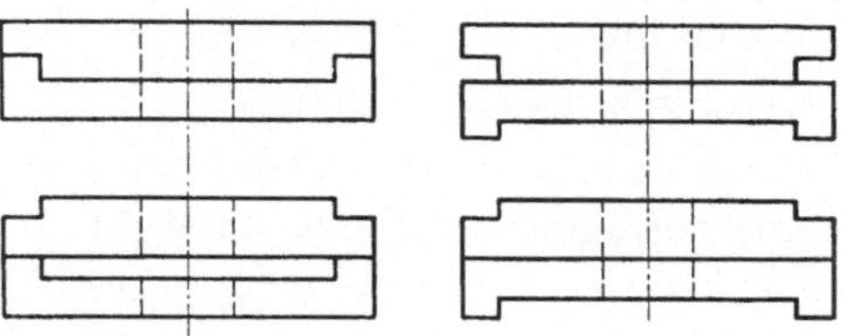

Bild 23. Kombinationsmöglichkeiten zweier Scheiben.

Es ist selten, daß die Ausnutzung der räumlichen Kombinationen im Baukastenwesen in reiner Form vorkommt. Meistens erscheint sie zusammen mit Kombinationen aus verschiedenen Elementen. Immerhin hat BERG ein sehr anschauliches praktisches Beispiel dafür geliefert. Durch Umkehrung und Drehung um 90° desselben Biege-Federstabes erreicht er vier verschiedene Schwingungszahlen, welche sich sogar geometrisch stufen lassen (schematisches Bild 24).

Ein Hilfsmittel, um bei der Anwendung räumlicher Kombinationen eine größtmögliche Vollkommenheit zu erzielen, ist eine Konstruktion, bei der die nicht arbeitenden oder nicht beanspruchten Seiten der Einzelteile nach Drehung, Umkehrung usw. zur Geltung kommen können und dann gewisse Funktionen ausüben.

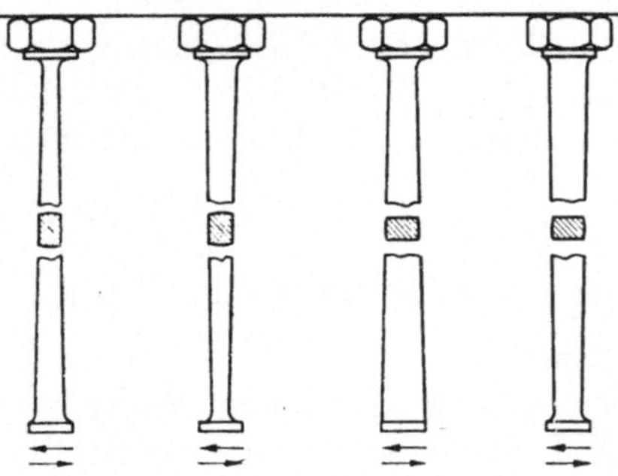

Bild 24. Biege-Federstab nach S. BERG.

642.2 Die Gegenstände bestehen aus lauter gleichen Elementen; ihre Anzahl kann gleich oder verschieden sein. Neue Gegenstände entstehen durch ihre räumliche Umstellung.

Dieses Baukastensystem ist ähnlich dem einfachen Baukastensystem. Baukästen dieser Art liefern Bauten aus gleichen Steinen, Eisenkonstruktionen aus gleichen Elementen, Beläge für Fußböden, Mosaike usw.

Wie groß die Zahl der Kombinationsmöglichkeiten sein kann, zeigt sich, wenn man als Baukastenelement einen Ziegelstein wählt, dessen Kantenlängen sich wie $1:2:4$ verhalten. Durch diese einfachen Zahlenverhältnisse werden besonders viele räumliche Kombinationen ermöglicht. Eine Untersuchung, auf wieviel Arten sich 12 Ziegelsteine zu massiven Quadern zusammensetzen lassen, ergab mehr als 500 verschiedene räumliche Kombinationen, die nicht durch Spiegelung oder Drehung ineinander übergeführt werden können.

Der Ziegelstein ist daher eine besonders günstige kombinatorische Lösung, eine wahrhaft ideale Norm, die dem Denkvermögen der Alten ein hervorragendes Zeugnis ausstellt.

643 Das allgemeine Baukastensystem.

„Allgemeines Baukastensystem" wird dasjenige genannt, bei dem verschiedene Gegenstände durch Auswahl einer gewissen Art und Anzahl von Elementen aus einem Vorrat gegebener Elemente entstehen. Dabei kommt es nicht darauf an, auf welche Weise die gewählten Elemente zum Ganzen zusammengestellt werden, z. B. ob räumliche Kombinationen zugelassen sind. Mathematisch gesehen handelt es sich hier um Variationen mit beschränkter Wiederholung, von denen nur einige zugelassen sind, die aber ihrerseits durch räumliche Kombinationen vervielfacht werden können.

644 Das variierende Baukastensystem.

In den drei bisher behandelten Arten des Baukastensystems hatten wir es mit bestimmten Elementen zu tun, die — aus einem und demselben Baukasten oder Satz entnommen — durch verschiedene Zusammensetzung und verschiedene räumliche Anordnung verschiedene Gegenstände bilden können. Davon ist ein System zu unterscheiden, das den Bedingungen von Abschn. 633 entspricht und bei dem es sich um verschiedene Variationen derselben Elemente handelt, aus denen sich verschiedene Varianten derselben Gegenstände bauen lassen. Die Zahl der variierenden Elemente ist nicht groß und ist bestimmt, die äußere Erscheinung der Gegenstände verschieden zu gestalten. Man vermeidet dadurch Eintönigkeit und paßt bei Massenfertigung derselben Gegenstände die Erzeugnisse dem individuellen Geschmack an.

Der erste Typ dieser Gruppe des Baukastensystems besteht darin, daß das Wesen des Erzeugnisses unverändert einheitlich bleibt. Hierher gehören z. B. Uhren, Küchengeräte, Leuchtkörper und andere Hausgeräte.

Beispiel bei Uhren:

a) verschiedene Typen der Weckergehäuse;

b) verschiedene Typen des Zifferblattes;

c) verschiedene Beschriftung des Zifferblattes;

d) verschiedene Typen der Zeiger.

Daraus lassen sich $a \cdot b \cdot c \cdot d = N$ verschieden aussehende Tischuhren bauen.

Das gleiche gilt für Farbkombinationen bei gewebten Stoffen gleicher räumlicher Fadenanordnung (d. h. gleichen Musters).

Zum zweiten Typ des variierenden Baukastensystems gehören solche Gegenstände, bei denen alle äußeren Merkmale und Konstruktionen ähnlich sind, die Gegenstände sich aber in gewissen wesentlichen Zügen unterscheiden. Dazu gehören z. B. Schlüssel mit verschiedener Anordnung der Formelelemente der Bärte. Die Einschränkung der Möglichkeit, mit einem nicht zugehörigen Schlüssel ein Schloß zu öffnen, hängt von der Vielzahl der möglichen Kombinationen ab. Wenn z. B. ein Fahrradschloß auf einer Achse 4 Ringe mit je 10 Ziffern hat, so gibt es 10^4 mögliche Stellungen aller 4 Ringe. Das Patenttürschloß hat 4 bis 5 Zylinder mit verschiedenen Kolben in jedem Zylinder. Die Länge der Kolben kann sich bis zu 5 mm unterscheiden. Ist die Genauigkeitsschwelle 0,5 mm, so lassen sich 10^4 bzw. 10^5 Möglichkeiten bilden.

Die Güte eines Schlüsselsystems hängt von der Menge seiner unverwechselbaren Kombinationen ab.

645 Das kombinierte Baukastensystem.

Damit benennen wir die Verbindung der beiden Hauptarten, Abschnitt 643 und Abschn. 644, d. h. ihre gleichzeitige Kombination. Hierbei sind verschiedene Elemente und verschiedene Abarten der einzelnen Elemente vorhanden, aus denen verschiedene Gegenstände und Abarten dieser Gegenstände gebaut werden können. Es sind z. B. nicht nur Tischuhren verschiedener äußerer Form nach Baukastensystem herstellbar, sondern auch Wanduhren, Autouhren, Wecker, Reiseuhren, Schachuhren, Schaltuhren usw. und vielleicht noch andere uhrenähnliche Mechanismen.

Der Formenreichtum eines solchen Systems ist sehr groß. Umgekehrt läßt sich dies so ausdrücken:

Eine große Anzahl von Gegenständen läßt sich auf verhältnismäßig wenige Elemente zurückführen, mit anderen Worten die *Ausbildung eines Baukastensystems* ist ein *Normungsvorgang eigener Art* und großer Bedeutung.

7 Kombinationsmaschinen.

Kombinationsmaschinen sind Maschinen, die eine bestimmte Kombination der möglichen Elemente oder Ereignisse immer zu demselben bestimmten Kontakt oder Betätigungshebel führen.

Ein Fernschreiber ist eine Kombinationsmaschine, weil jede Kombination der Stromimpulse immer zum bestimmten Betätigungshebel geführt wird. Ein automatischer Musikschrank mit 100 Platten ist auch eine Kombinationsmaschine, weil mit der Betätigung einer bestimmten Kombination der Drucktasten immer eine bestimmte Schallplatte in Aktion kommt. Ähnliches gilt für eine automatische Fernsprechzentrale. Eine „denkende" Maschine, die bei einer Kombination bestimmter Ereignisse einen bestimmten „Schluß zieht", ist es ebenfalls, weil hier die Kombination der Ereignisse zu einem Kontakt geführt wird, der eine bestimmte Aktion einleitet. Zur Zeit werden Hunderte von Maschinen benutzt, die im Grunde Kombinationsmaschinen sind. Die Haupttypen der Kombinationsmaschinen kann man nach den Hauptarten der Kombinationen einteilen. Kombinationsmaschinen dienen der mechanischen Bestimmung und Unterscheidung der Kombinationen. Dabei kann es sich um eine mechanische Unterscheidung der Variationen mit oder ohne Wiederholung handeln, um Kombinationen im engeren Sinne mit und ohne Wiederholung, um dieselben Arten der kinetischen Kombinationen und ähnliche.

Einer kleinen Zahl der Hauptarten der Kombinationen steht eine Fülle von Konstruktionen der Kombinationsmaschinen gegenüber. Soweit bis jetzt bekannt ist, wurde kein Versuch unternommen, die Kombinationsmaschinen zu systematisieren und die beste praktische Lösung für die Hauptarten zu finden und zu bestimmen, d. h. *Grundnormen* zu schaffen.

Das ganze Gebiet der Kombinationsmaschinen geht über den Rahmen dieser Arbeit hinaus. Nur weil dies ein Gebiet der Anwendung der Kombinationen ist und weil hier Normvorschläge gemacht werden können und müssen, wird dieses Problem kurz berührt.

Zur Zeit ist das Gebiet der Kombinationsmaschinen in lebhafter Entwicklung begriffen. Das ist besonders durch die immer fortschreitende Automatisierung verursacht.

Es gibt eine Fülle mechanischer, elektrischer und elektromechanischer Konstruktionsmöglichkeiten für eine Kombinationsmaschine.

Man kann sich nur schwer vorstellen, daß es eine Bestlösung für alle Anwendungsgebiete der Kombinationsmaschine geben soll. Immerhin ist die Suche nach den einfachsten und billigsten Arten von großer Bedeutung für die Systematisierung des ganzen Gebietes.

71 Maschinen für Variationen mit Wiederholung.

Als Beispiel ist hier ein Schema mit nur 4 Elementen A, B, C und D gegeben (Bild 25 und 26).

Im Bilde 25 sind die ersten zwei Stellen gegeben. Bei der Betätigung der Druckknöpfe A, B, C, D in der ersten (1) und zweiten (2) Stelle werden Kontakte geschlossen, und der Strom fließt nur durch eine der $4 \cdot 4 = 16$ Kreuzleitungen. Auf diese Weise bilden wir Stromkreise, deren jeder den 16 Variationen von $AA \ldots$ bis DD entspricht.

Um einen bestimmten Stromkreis für Variationen aus drei Elementen zu erzielen, baut man auf jeden Stromkreis der Zweistellenvariationen (gemäß Bild 26) ein Relais (R in Bild 25), das beim Durchfließen des Stromes einen von einer zweiten Stromquelle gespeisten Stromkreis schließt. Andererseits ist jedes solche Relais mit einer dritten Reihe von Druckknöpfen verbunden. Auf diese Weise haben wir $16 \cdot 4 = 64$ Stromkreise, den dreistelligen Variationen entsprechend. Bei Betätigung der Druckknöpfe der dritten Reihe, falls die erste und die zweite Reihe (Stelle) betätigt

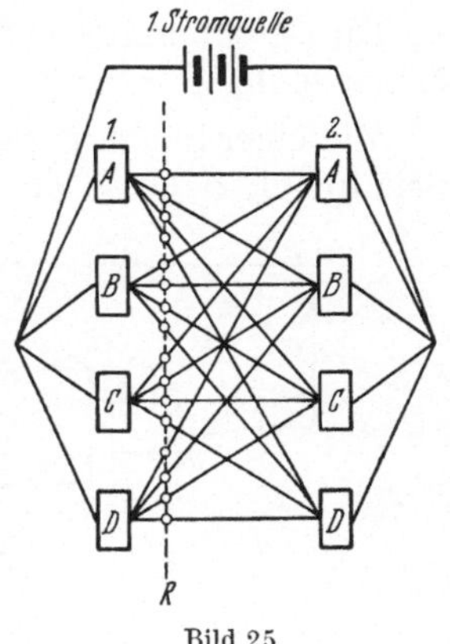

Bild 25

sind, wirkt nur einer aus 64 Stromkreisen, der einer von den Variationen AAA bis DDD entspricht.

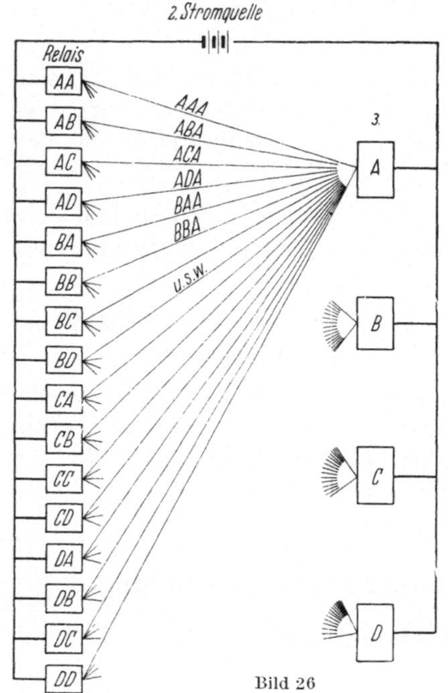

Bild 26

Durch Fortlassung der Leitungsverbindungen der Druckknöpfe mit derselben Benennung hätten wir eine Maschine für Variationen ohne Wiederholung. Wenn die Anzahl der Elemente (Schalterknöpfe) gleich der Anzahl der Stellen ist, haben wir eine Permutationsmaschine, je nachdem ohne oder mit Wiederholung.

Durch Zusammenlegen der Stromkreise, die den Variationen aus denselben Elementen, nur in anderer Reihenfolge, zugeordnet sind, gelangt man zu einer Maschine für Kombinationen im engeren Sinne. Es scheint, daß diese Bauart der Variationsmaschine wegen ihrer Einfachheit kaum zu übertreffen ist.

72 Maschine für Kombinationen im engeren Sinne.

Die Kombinationsmaschine kann man mit Vielfachschaltern einfacher bilden.

Mit einer Schaltung gemäß Bild 27 kann man durch Betätigung der Schalter A, B, C, D, die den zu kombinierenden Elementen A, B, C, D

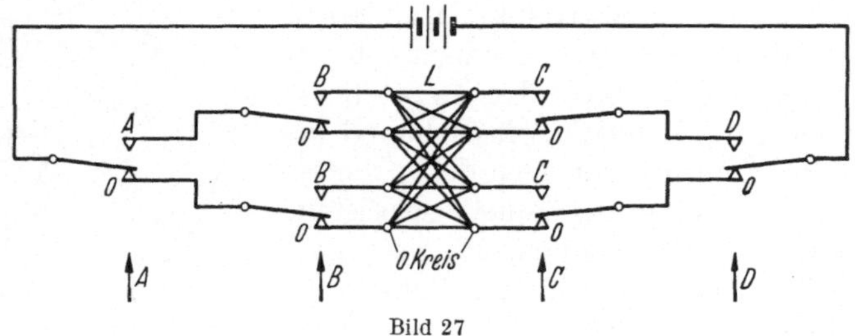

Bild 27

entsprechen, alle $2^4 - 1 = C_4^1 + C_4^2 + C_4^3 + C_4^4$ Kombinationen in 15 Leitungen L haben. (Der „0-Kreis“ wird nicht benutzt, weil er 0 Kombinationen entspricht.) Für die Schaltung der 15 Stromkreise sind hier nur 2 einfache und 2 doppelte Schalter nötig.

Das oben angegebene Variationsschema kann für automatische Wörterbücher (das sind solche, bei denen zu einem beliebig gewählten Wort selbsttätig das entsprechende Wort einer anderen Sprache vorgeführt wird), automatische Telefonbücher und andere Register benutzt werden. Das Kombinationsschema paßt für die Telegraphie mit einigen Leitungen, für die Lochkartenmaschine, die „denkende" Maschine usw.

73 Kombinationsmaschinen und Cybernetic.

Im Jahre 1948 hatte Professor WIENER vom „Massachusett's Institute of Technology" in seinem Buche (Schr. 7) die Idee, eine Parallele zwischen Maschinen (besonders komplizierter Art) und der menschlichen Gehirntätigkeit zu suchen und auf diese Weise zugleich die Weiterentwicklung der Automaten und das tiefere Verständnis des menschlichen Denkvorganges zu fördern. Die Wissenschaft, die sich die Aufgabe stellte, dieses Gebiet zu untersuchen, nannte er Cybernetic.

Die neuzeitliche ungeheuere Entwicklung der „Electron Computer", logistischer Maschinen usw., machen ein solches Vergleichen der Automaten und des Gehirns in der Tat zur Notwendigkeit.

Es ist angebracht, hier einiges über die Kombinationsmaschine und unser Gehirn zu sagen, weil bisher Cyberneticwissenschaftler die Kombinationsmaschinen und manche Tätigkeit des Gehirns nicht verglichen haben und weil sich gerade die Funktionen der Kombinationsmaschinen im menschlichen Gehirn wiederfinden.

74 Die Sprache als „Kombinationsmaschine.

Die Wörter sind, wie schon bekannt, Variationen mit Wiederholung der Laute. Weil die Kombination der Buchstaben A–r–m immer den Begriff des Armes im Geist hervorruft, so sind wir gezwungen, anzunehmen, daß die Kombination „Arm" durch unser Ohr einen bestimmten Ort in unserem Gehirn reizt, in dem der Begriff des Armes verschlüsselt ist. Dies ist auch kaum anders zu verstehen als das einfachste System einer Variationsmaschine mit Wiederholung, die eine Folge von verschiedenen Lauten (ein Wort) zur Begriffsstelle leitet (Bild 28).

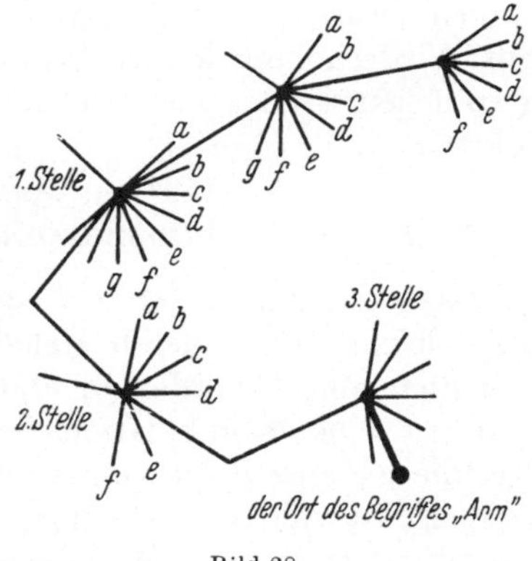

Bild 28

7*

Hier hat jede Leitung eine Anzahl Abzweigungen, die der Anzahl der gebrauchten Laute entspricht. Jede Abzweigung hat wieder dieselbe Anzahl Abzweigungen usw. In der Verbindungsstelle muß eine Vorrichtung stehen, die die Laute zur bestimmten Abzweigung führt (Bild 29).

So muß für jede neuerlernte Sprache eine bestimmte „Kombinationsmaschine" bestehen, die zu den Begriffsverschlüsselungsstellen „schaltet". Damit ist der Erlernungsprozeß einer Sprache nichts anderes als der Aufbau einer neuen „Kombinationsmaschine".

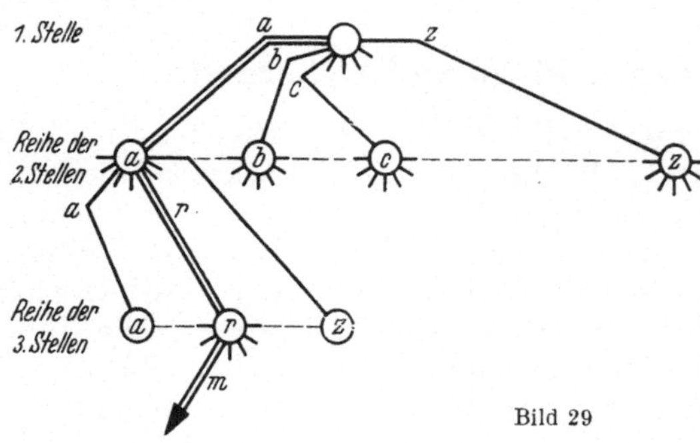

Bild 29

Wenn im Gehirn jeder Begriff (des Gegenstandes, der Handlung, Eigenschaften der Handlungen und der Gegenstände) eine bestimmte Stelle für die Verschlüsselung hat, kann jede dieser Begriffsstellen mit einer anderen Stelle verbunden sein. Diese Verbindungsmöglichkeiten sind nicht durch reale Möglichkeiten begrenzt oder beschränkt. Es können alle Kombinationen entstehen, die die Kraft der Vorstellung, der Phantasie und der schöpferischen Erfindungsgabe verursachen. Bei dieser Darstellung der menschlichen Sprachkombinationsmaschine könnte man sich als praktisches konstruktives Ergebnis Maschinen denken, die die ausgesprochenen Laute oder die gedrückten Buchstaben erfassen würden. Nach dem System der Variationsmaschinen mit Wiederholung könnte man dann ferner Maschinen bauen, die den gesprochenen oder geschriebenen Befehlen gehorchten und sie durchführten.

75 „Kombinationsmaschine" zur Erfassung von Klängen.

Das menschliche Ohr hört eine Melodie oder einen Akkord und kann diese leicht von anderen Melodien und Akkorden oder den gleichen Melodien und Akkorden in anderen Tonarten unterscheiden. Ein Akkord ist eine Kombination bestimmter Schallfrequenzen, und eine Melodie ist eine Folge (kinetische Kombination) der Schallfrequenzen. Deshalb ist für die Erfassung der Kombinationen der verschiedenen Schallfrequenzen eine Kombinationsmaschine notwendig. Dabei tritt noch ein zusätzliches Problem auf: Ein Akkord oder eine Melodie in anderer Tonhöhe ist eine Kombination anderer Schallfrequenzen. Wir erfassen sie nur deshalb als die gleichen, weil das Verhältnis der Schallfrequenzen der Elemente dasselbe bleibt.

Die „Gehörkombinationsmaschine" ist also so gebaut, daß alle proportionalen Kombinationen zu derselben Kontaktstelle geleitet werden. Vom mathematischen Standpunkt gesehen haben wir hier folgendes Problem:

Es gibt eine Reihe von Elementen:

$$a_1 \; a_2 \; a_3 \; a_4 \; a_5 \; a_6 \; a_7 \; \ldots \; a_i \; \ldots \; a_n.$$

Alle Elemente bilden eine geometrische Reihe mit dem Stufensprung q, so daß

$$\frac{a_1}{a_2} = \frac{a_3}{a_4} = \frac{a_{i-1}}{a_i} = q$$

(q ist die Empfindungsschwelle unseres Gehörs).

Alle diese Elemente können untereinander unbeschränkte Kombinationen im engeren Sinne bilden.

Wie groß ist nun die Anzahl der nicht proportionalen Kombinationen ?

Wenn wir je 1 Element haben, $a_1 \; a_2 \; a_3 \; \ldots$ bis a_n, so sind nach Obigem alle Kombinationen zueinander proportional; wenn wir je 2 Elemente haben:

$$a_1 a_2, \; a_2 a_3, \ldots\ldots\ldots\ldots\ldots\ldots, \; a_{n-1} a_n.$$

$$a_1 a_3, \; a_2 a_4, \ldots\ldots, \ldots\ldots, \; a_{n-2} a_n.$$

$$a_1 a_4, \; a_2 a_5, \ldots\ldots, \; a_{n-3} a_n \quad \text{usw.}$$

Im allgemeinen kann man für jede Kombination, falls sie a_n nicht enthält, mindestens eine proportionale Kombination schreiben; wenn sie auch a_{n-1} nicht enthält, mindestens zwei usw.

Man kann alle proportionalen Kombinationen zu Gruppen so ordnen, daß jede proportionale Gruppe immer als das letzte Glied eine Kombination mit a_n hat.

Weil die Zahl der verschiedenen Kombinationen der Zahl der proportionalen Gruppen gleich ist, ist es klar, daß die Zahl der verschiedenen Kombinationen der Zahl der Kombinationen, die das Element a_n haben, gleich ist.

Darum ist ihre Anzahl gleich der Anzahl aller Kombinationen aus $a_1, a_2, \ldots a_{n-1}$ Elementen, d. h. $2^{n-1}-1$; dazu kommt a_n als Vertreter der Gruppe aus je einem Element. (Weil alle anderen verschiedenen Kombinationen alle Kombinationen aus $n-1$ Elementen mit zugesetztem Element a sind, darum enthalten die kleinsten Kombinationen mindestens 2 Elemente, z. B. $a_1 a_n$, $a_2 a_n$ usw.)

Auf diese Weise ist die Anzahl der verschiedenen Kombinationen gleich

$$2^{n-1}-1+1=2^{n-1},$$

und die Anzahl der proportionalen Kombinationen ist gleich

$$2^n-1-2^{n-1}=2^{n-1}-1.$$

76 Ausblick auf weitere Kombinationsmaschinen.

Vermutlich werden noch weitere „Kombinationsmaschinen" in der Erkennung der Formen und Gestalten usw. angewendet: Erkennung der Buchstaben, Farben, Laute, Klangfarbe, des Geruches und des Geschmacks. Dazu kommt noch die menschliche Fähigkeit, aller Menschen Gesichter zu unterscheiden, indem die Gesichter als Kombinationen bestimmter Elemente in bestimmten Elementenstellen erfaßt werden. Wenn es hier auch nicht darum geht, wieder ein weiteres Stück des sinnlichen Daseins aufzuklären, so kann doch der Ingenieur aus diesen Vorbildern der Natur gewisse Normen ableiten, aus denen einmal Kombinationsmaschinen entwickelt werden, die zwar nicht denken, aber Befehle aus geschriebenen Worten, gezeichneten Figuren, aus chemischen Wirkstoffen und schließlich aus dem gesprochenen Wort empfangen und bestimmte Wirkungen auslösen können. Das ist nichts anderes als die Fortführung unserer Bemühungen, den Menschen von der Arbeit zu entlasten. Wie wir sahen, werden hierbei die Methoden der Kombinatorik von Stufe zu Stufe bedeutsamer.

Schrifttum.

1. BERG, S.: Angewandte Normenzahl. Berlin und Krefeld-Uerdingen: Beuth-Vertrieb GmbH. 1949.

2. BOEHRINGER, ROLF: Drehzahlnormung und ihre wirtschaftliche Auswirkung im Drehbankbau. Berlin: Springer 1939.

3. KIENZLE, O.: Normungszahlen. Berlin/Göttingen/Heidelberg: Springer 1950.

4. NETTO, E.: Lehrbuch der Combinatoric. 2. Aufl. erweitert und mit Anmerkungen versehen von Viggo BRUN und Th. SKOLEM. Teubners Sammlung 1927.

5. PORSTMANN, W.: Untersuchungen über Aufbau und Zusammenstellung der Maßsysteme. Berlin: Normenausschuß der deutschen Industrie 1918.

6. PORSTMANN, W.: Normenlehre, Leipzig: Schulwissenschaftlicher Verlag A. Haase 1917.

7. WIENER, N.: Cybernetics, or control and communication in the animal and the machine, The Technology Press, New York: John Wiley et Sons. Inc. 1949.

8. SCHIWECK, F.: Fernschreib-Technik. Leipzig: Winterscher Verlag 1942.

9. SCHRÖDER, R. P.: Endmaßsätze. Z. f. Instrumentenkunde, H. 3 (1943).

10. STN: Textblätter des Seminars für Technische Normung, Technische Hochschule Hannover.

11. BERKELEY, E. C.: Giant Brains or machines that think. New York: John Wiley et Sons Inc. 1949.

Sachverzeichnis.

Additive Systeme 36ff., 93
Aufbaumöbel 90

Baukastensystem 86ff.
—, gemischtes 87
—, vollkommenes 87
Biegefederstab 93, 94

Drehzahl, -reihen 60, 61, 62
Dualsystem 20, 21, 24, 39ff., 69, 79
Dyadische (Verdopplungs-)
    Reihe 39, 43, 44, 93

Elektrische Widerstände 52
Endmaße, -sätze 43, 49, 50, 53

Fernschreibsysteme 69ff.

Geh-Steh-Verfahren 71
Getriebe 61
Gewichtssätze 52

information unit 41ff.

Jacquard-Webstuhl 79, 83

Kinetische Kombinationen 8ff.
— einer vorgeschriebenen Komplexion 9
— im engeren Sinne 10
— mit variierender Zeitspanne 12ff.
— einer Komplexion 13
— im engeren Sinne 13
Kinetische Permutationen 10, 84
— mit variierender Zeitspanne 13

Kinetische Variationen 12
— mit variierender Zeitspanne 13
Kombination mit beschränkter Wieder-
    holung 5, 8
— im engeren Sinne 7
— mit unbeschränkter Wiederholung 6,8

Lochkarte 4, 29, 75ff.
— Begriffsverschlüsselung 80
— Mehrfachlochung 78

Normung 2, 70
Normungszahlen 51, 62
Nummernsysteme 33, 34, 35, 36

Perforierte Bänder 83ff.
—, periodische 85
—, nichtperiodische 85
Permutationen 6, 22
— mit Wiederholung 7

Ruppert-Getriebe 89

Telegrafiesysteme 15, 66ff.

Übertragung der Intensität 84

Variationen mit Wiederholung 6, 8
— ohne Wiederholung 6, 15, 17

Westphal-Floß 90

Zehnersystem 20, 24, 26, 27, 28, 33
Zwölfersystem 20, 24, 26, 27, 28